生态公园智慧建造关键技术及应用

刘卫华　吴启红　罗　利　等　著

科学出版社

北　京

内 容 简 介

本书介绍公园城市理念、生态公园建设内涵、智慧建造理念及相关新兴技术的发展，重点阐述生态公园设计、建造和全过程的协同管理方面数字信息化技术应用的理论基础、工艺流程以及应用案例；提出项目参与各方及建设全过程的协同管理模型；构建设计阶段生态公园设计模型，以及采用虚拟建造技术实现场景还原并通过虚拟现实（virtual reality，VR）沉浸式体验优化设计；创立复杂大型生态公园地形高效营造的施工工艺，开发基于物联网技术的混凝土试块智能养护监控技术，提出景观湖湖底复合防渗技术及景观工程精细化施工技术，为生态公园建设项目智慧化建造提供可复制、可推广的经验。

本书可作为市政工程项目指导参考用书，以及建设项目和科技工作参与人员的阅读书目，还可作为政府指南编制参考用书。

图书在版编目（CIP）数据

生态公园智慧建造关键技术及应用 / 刘卫华等著. —北京：科学出版社，2023.5

ISBN 978-7-03-074845-4

Ⅰ. ①生… Ⅱ. ①刘… Ⅲ. ①生态型－公园－园林设计 Ⅳ. ①TU986.5

中国国家版本馆 CIP 数据核字（2023）第 027015 号

责任编辑：罗 莉 / 责任校对：彭 映
责任印制：罗 科 / 封面设计：墨创文化

科学出版社出版
北京东黄城根北街 16 号
邮政编码：100717
http://www.sciencep.com
四川煤田地质制图印务有限责任公司印刷
科学出版社发行 各地新华书店经销
*
2023 年 5 月第 一 版 开本：787×1092 1/16
2023 年 5 月第一次印刷 印张：11 3/4
字数：275 000

定价：149.00 元

（如有印装质量问题，我社负责调换）

序

2018年2月，习近平总书记在成都视察时提出了公园城市新发展理念，对我国城市的生态环境和人居环境建设提出了更高要求。公园城市作为全面体现新发展理念的城市发展高级形态，坚持以人民为中心、以生态文明为引领，是将公园形态与城市空间有机融合，生产生活生态空间相宜、自然经济社会人文相融合的复合系统，是人、城、境、业、制高度和谐统一的现代化城市，是新时代可持续发展城市建设的新模式。其突破了传统的城市发展理论框架，不再局限于“在城市里面建绿地”的模式，而是一种“在绿地里面建城市”，或者说是一种将城市建设与绿地建设有机统一的城市发展模式。

成都市在5年公园城市建设过程中，出台了一系列公园城市实施导则、细则、规划，系统谋划公园城市发展，持续推进公园城市建设。中国五冶集团有限公司在成都公园城市战略进程下，积极投入公园城市的建设，其中在东安湖公园、熊猫基地、成都露天音乐公园、天府艺术公园、环城绿道等多个项目建设过程中取得了一系列技术进步，在公园城市建设方面积累了宝贵的经验。

生态公园是公园城市的重要体现，如何推进在人与自然和谐共生的公园城市背景下的生态公园建设，尤其是多元、立体、大场地复杂条件下的生态公园高效、绿色建造，值得科技工作者研究。中国五冶集团有限公司在公园城市建设过程中，积极与高校、科研单位以及建设单位开展跨学科技术攻关，历时5年在公园城市生态公园智慧建造方面取得了丰富的成果。以数字技术赋能城市发展、智慧建造提质公园建设为核心，通过综合运用数字化技术手段，使设计效果更立体、更直观，建造过程更高效、更绿色，高效优化了资源配置和施工组织布置，显著提升了生态公园全过程智慧化建造水平，实现了公园城市生态公园高质量、高效率智慧建造。

该研究团队系统总结了公园城市背景下生态公园智慧建造理论、评价标准、管控平台开发与软件集成应用，以及重点工程精细化施工技术与应用案例，编撰了公园城市背景下的《生态公园智慧建造关键技术及应用》，为生态公园智慧建造提供了可参考、可复制的经验。

中国工程院院士

2023年4月

前　言

城市的快速发展促进了经济社会的快速发展，极大地丰富和提升了人们的生活水平，但是城市发展中带来的问题也不容忽视。我国城市人口的快速增长与能源和环境限制的矛盾日益加剧，这将成为制约我国城市化持续发展的瓶颈，其中城市土地资源和绿色低碳发展问题尤为突出，各类绿地及公共开放空间严重压缩，人们对高品质绿色空间及美好生活的需求逐年递增。

2018 年 2 月，习近平总书记在成都首次提出“公园城市”这一新的城市发展理念，亲自谋划部署成渝地区双城经济圈建设，明确提出支持成都建设践行新发展理念公园城市示范区。成都市践行“绿水青山就是金山银山”理念，以生态视野在城市构建高品质绿色空间，将“城市中的公园”升级为“公园中的城市”，切实“把生态价值考虑进去”，让公园城市成为花园、乐园和美好家园，加快打造高品质生活宜居地，不断满足人民群众对美好生活向往的需要。“双碳”背景下公园城市建设及发展，传统建造技术已无法满足要求，尤其是城市人口密集区大型生态公园建设对建造效果、环保绿色、安全高效提出了更高的要求，加之建设过程中存在人、机、物及复杂环境多重交叉、相互制约，信息传递效率低、应用信息模型单一、多方参与信息协同管理难等诸多问题，为公园城市背景下生态公园智慧化建造提出了巨大挑战。

中国五冶集团有限公司在成都公园城市战略进程下，联合多家科研高校以及建设单位围绕成都公园城市建设中的生态公园智慧、绿色、高效建造的关键共性技术展开理论研究和技术攻关，在智慧建造模型、管控平台、虚拟设计、地形营造、混凝土养护、湖底防渗以及景观工程施工等方面取得了一系列技术突破，先后在东安湖公园、熊猫基地、成都露天音乐公园、天府艺术公园、环城绿道等多个项目中集成应用。项目成果从理念、标准、软件开发和工程应用等多渠道推动了公园城市背景下生态公园的智慧建造，编制了国家及地方标准 4 部，省级工法 4 项，为我国公园城市生态公园建设奠定了理论与技术基础。

在多年科研与实践的基础上，研究团队总结编写了此专著，以期进一步推进生态公园智慧建造，助力公园城市建设。本专著的编写人员既有多年从事智慧建造相关的专家学者，也有长期奋斗在项目一线的高级技术人员。具体编著分工如下：第 1 章由刘卫华编写；第 2 章由王钟箐、包烽余编写；第 3 章由蒲云辉、李永振编写；第 4 章由罗利、董建辉编写；第 5 章由罗利、袁弘毅编写；第 6 章由吴启红、杨根明编写；第 7 章由陈雪梅编写。全书由刘卫华、罗利统稿，刘卫华审定。

本书在编写过程中，得到了有关专家和业内同行的大力支持和帮助，特在此表示衷心感谢。

由于水平有限，疏漏在所难免，望读者指正。

目　录

第1章　生态公园智慧建造概论

1.1　公园城市理念

2018年2月，习近平总书记在成都视察时首次提出了“公园城市”新发展理念，对我国城市的生态环境和人居环境建设提出了更高要求。

1.1.1　提出背景

我国在过去40余年的高速城镇化发展中取得巨大成就的同时，也积累了一系列潜在问题。一是城市群与中心城市问题。城市群对周边的虹吸效应较大，资源过度集中于中心城市，阻碍了城市群外围区域的经济发展，而城市空间分布存在的区域疏密不均、规模大小不均、等级高低不均等问题制约了城市的深层次发展。二是资源短缺与环境污染问题。水资源、土地资源日趋紧张，城市能源消耗快速增长伴随着能源利用效率低下的问题。大气、水、土壤等污染与固体废弃物、噪声、有毒化学品、光辐射等问题的治理仍未达到可持续化的理想状态。虽然我国城镇化水平已达到诺瑟姆曲线的中后期阶段，但上述种种问题显示出我国城镇化道路中的短板与漏洞，因此解决城镇内部矛盾的积累是新时期我国城镇化发展的重要任务。2018年2月，习近平总书记在成都视察时首次提出“公园城市”这一理念，指出天府新区一定要规划好建设好，特别是要突出公园城市特点，把生态价值考虑进去。公园城市理念的提出，一方面体现了“生态文明”和“以人民为中心”的发展理念；另一方面，也体现了我国推进城镇化发展模式和路径转变的理论创新及实践探索，体现了中央对生态文明理念以及建设美好生活和幸福家园的高度重视。除成都市以外，“十四五”期间，上海市、南京市等纷纷提出了公园城市发展规划。公园城市是公园形态与城市空间有机融合，是生产生活生态空间相宜的复合系统，将引领城市建设新方向，重塑城市新价值[1]。

1.1.2　内涵及意义

公园城市的内涵在于建成“人、城、境、业、制”高度和谐统一的现代化城市，是多元治理主体为满足人民美好生活需要，在空间正义的基础上，以绿色价值理念为指导，以资源共享为前提，以打造人与自然伙伴相依的命运共同体为载体的新型城市治理形态[2]。

公园城市是将城乡绿地系统和公园体系、公园化的城乡生态格局和风貌作为城乡建设的基础性、前置性配置要素，把“市民-公园-城市”三者关系的优化和谐作为创造美好生活的重要内容，通过提供更多优质生态产品以满足人民日益增长的优美生态环境需要的新型城乡人居环境建设理念和理想城市构建模式。

公园城市是以生态优先绿色发展理念为引领、彰显“以人为本”城市人文关怀特质、构建大美公园城市时代价值标杆、塑造“人、城、境、业、制”和谐统一城市形态、营建绿水青山秀美人居城市绿韵、感知多元包容开放创新城市文化、丰富现代时尚宜业宜居场景体验、倡导简约适度绿色低碳的生活方式等多方面内容的中国特色社会主义的城市发展新理念[3]。

公园城市是田园城市、花园城市、园林城市、宜居城市等理论的继承和升华。公园城市以城市建设为基础，从规划层面来说，将城市作为公园来进行规划，前人的相关理论通过改善城市生态环境来实现城市的可持续发展，而公园城市则是在“公园里面建城市”，将城市视为一个“巨型公园”进行规划，在城市规划中已经融入生态、可持续、宜居等城市可持续发展理念。从建设目标层面看，公园城市将以打造城市公园为主体的绿色城市综合体为主要手段，从而推动产城融合发展，促进生态与经济协调发展[4]。

公园城市理论实现了从“在城市里建绿地”到“绿地里建城市”发展理念的转变。公园城市建设将人本主义、生态环境修复、国民经济发展、科学发展理念贯彻到城市规划之中，以公园建设为城市建设的主要内容。建城市便是建公园，建公园便是建城市，公园城市致力于走生态效益与经济效益兼顾、民众宜居的城市发展路径。公园城市理论突破了传统的城市发展理论框架，不再局限于“在城市里建绿地”的模式，而是一种“在绿地里建城市”的模式，或者说是一种将城市建设与绿地建设有机统一的城市发展理论[5]。

1. 公园中的城市

城市只是公园中的一个有机组成部分。20 世纪 60 年代，著名城市规划学家刘易斯·芒福德就提出“区域是一个整体，而城市是它其中的一部分”。区域建设为公园，是公园城市的应有之义。当然，此处的公园，不仅仅是指传统意义上的国家公园、城市公园、自然公园及各类自然保护地等，更多的是一种泛化、大区域，或者更多的是指生态环境、生态文明意义上的“公园”。

（1）全域公园的发展理念。以全域的理念来看待城市发展与安全，以系统性的理念来构建公园城市的生态系统，形成人与自然、城市与自然、城市与人和谐发展的新格局。要将全域内的农田、森林、河流、村庄等作为公园的要素来规划和建设，并作为城市建设的基础性和前瞻性工作。这就要求我们除了建设更多的国家公园、自然保护地、自然公园、风景名胜区及各类城市公园外，更需要整合资源，将“农村田园化”升级为“乡村公园化”，建设更多的郊野公园、乡村公园、村落景区等，使区域成为大公园。

（2）城市和自然有机融合、共生共荣的理念。构建城乡一体的公园生态系统，将城市形态有机融合于自然生态之中，使城市经济、社会、政治、文化发展与自然生态环境相协调，促进人与自然、城市与自然、人与城市和谐共处、共生共荣，诗意地栖居。刘易斯·芒福德认为“在区域范围内保持一个绿化环境，这对城市文化来说是极其重要的，一旦这个环境被损坏、被掠夺、被消灭，那么城市也随之而衰退，因为这两者的关系是共存共亡的”。当然，城市和自然有机融合，并不是均质发展，也不是一些人所认为的“城市像公园，公园像城市”，而是城市更多地融入公园的元素，公园更大地发挥改善城市生态环境、促进经济发展、满足市民需求的作用。要将公园、住区绿化、道路绿化、河道绿化、单位绿化等绿色空间有机融合在城市的生态、生产、生活中。

（3）城市形态集约化、组团式、低碳化发展的理念。城市与公园是具有不同属性的两种空间。城市的集约化发展，可以腾出更多的土地和空间，用于公园的生态建设。亚里士多德曾说：“人民云集城市是为了生活。为了过上幸福的生活，他们集聚在一起。”所有的学者都承认，城市是安居，提供工厂、办公室、商店、休闲设施和其他社会所需要的东西的最具有环境可持续的地方，城市能比农村更好地吸纳发展，它们有助于减少对资源的利用，集约土地，降低对小汽车的依赖并改善地方环境。当然，城市的集约化发展，应该是多中心、组团式、网络型的发展模式。过度的集约化会造成拥挤，降低城市生活质量及导致更多的能源消耗和污染。

2. 公园化的城市

公园化的城市是具有鲜明公园特征的城市。它不仅具有优美的环境、新鲜的空气、清澈的河水，公园与城市的生产、生活融合，更有深厚的文化、便捷的服务、安全的环境，以及城市经济产业绿色、低碳、环保和可持续。

（1）公园化规划的理念。既要把公园作为城市建设和发展的重要内容，更要把公园化建设的理念渗透到城市规划建设的每一个环节。一些专家提出“按照公园的结构和形态来规划和建设城市”可能不尽完善，但公园成为城市的重要组成部分，让市民“诗意地栖居”是公园城市追求的目标。要构建多中心、网络化、系统化的城市公园生态系统，形成具有公园与城市相互渗透的城市形态。要将公园的建设理念运用到城市的各类建设中，着力提升城市景观质量，改善城市环境，建设具有公园风貌特色的城市。

（2）公园化建设的理念。公园是美好生活的代名词，在城市建设中，应融入更多的、不同类型的公园；运用更多的公园元素、公园符号、园林植物及公园建设的艺术手法，把城市中的各类空间建设成为环境友好、舒适宜人、有公园意象的场所，突出彰显城市的公园风貌。

（3）公园化系统。公园是自然界最重要的具有自净功能的系统，它是人与自然物质和能量交换的场所，是城市的“肺”与“肾”，直接与市民的生活品质相关联。

公园是以生态为主的功能复合的公共绿色空间。除了服务人类以外，公园也是生物重要的栖息地；是使人感到亲切、轻松、愉悦、舒适、平等、安全、优美、自由和受尊重的场所，也是市民运动健身、休闲娱乐的场所；是市民生态教育、美育教育、情操教育的阵地，也是自然研究与科普的学校。公园不仅在解决城市生态环境、生态安全方面有着独特的作用，而且在城市更新和防灾、减灾、避险等方面有着不可替代的作用。

3. 公园化绿色产业的理念

一是把生态环境资源的容量和碳达峰、碳中和要求作为城市发展的刚性约束指标，大力发展资源节约型、环境友好型、循环高效型的生产方式，建立以低碳经济、循环经济等绿色经济为导向的产业体系，推动城市产业的变革；二是要坚持“保护第一、生态优先”的原则，协调经济发展与环境保护的关系，促进产业的发展与城市环境相协调，维护好城市与自然的生态体系；三是要把产业生产的空间环境建设好，使其成为公园城市中的有机组成部分。以公园理念治理城市具有鲜明的公园理念治理导向[6]。

（1）城市治理应突出公园的“公共”理念。公园姓“公”，具有突出的“公共”属性，公园城市应聚焦人民日益增长的美好生活需要，坚持“以人为本”推进城市发展。以人为本的深刻内涵，应该把握三个基本方面：它是一种对人在社会历史发展中的主体作用与地位的肯定，强调人在社会历史发展中的主体作用与目的地位；它是一种价值取向，强调尊重人、解放人、依靠人和为了人；它是一种思维方式，就是在分析和解决一切问题时，既要坚持历史的尺度，也要坚持人的尺度。

刘易斯·芒福德提出“城市乃是人类之爱的一个器官，因而最优化的城市经济模式应该是关怀人、陶冶人”“再也不能让城市发展最重要的原动力，掌握在私人投资者手中”。要尊重市民对城市发展和治理的知情权、参与权、表达权、监督权，用制度和机制来保障市民参与城市建设和治理的途径，真正实现市民参与城市的共建、共治、共享。当然，“公共”理念也体现在城市治理的公平正义和城乡居民的共同富裕上。

（2）城市治理应突出公园“园丁”理念。城市是国民经济的主要载体，也是现代科技进步的发祥地和孵化器，几乎所有的高科技都诞生于城市。服务经济的发展，需要政府治理能力的提升和变革，需要兢兢业业的“园丁”精神。要以“园丁”精细化管理，提升城市治理水平；以“园丁”精准化服务，培育城市产业和经济的发展；以“园丁”科学的态度，解决城市发展中的问题；以“园丁”执着的韧劲，推进科学、民主、多元城市治理体系的完善。

（3）城市治理应突出公园文化的理念。城市是文化浓缩和积淀的产物，每个时代都在城市中留下痕迹。城市也是传递历史遗存的重要载体，是一个巨大的、有生命的有机体，是几十万人乃至上千万人工作和生活的场所，城市文化的保护与城市经济发展之间的矛盾十分复杂。公园不仅是城市生态系统的重要载体，也是文化遗存的重要展示场所；文化是公园的灵魂，公园本身也是一种文化现象。要将公园文化的理念，体现在城市治理的各个环节，切实挖掘好、保护好、传承好历史文化。习近平总书记曾指出：“要化解人与自然、人与人、人与社会的各种矛盾，必须依靠文化的熏陶、教化、激励作用，发挥先进文化的凝聚、润滑、整合作用。”要以发展的眼光，运用整体性、系统性、动态性、阶段性、可持续的保护理念，弘扬先进文化，处理好人与自然的关系。

（4）城市治理应突出公园生态文明理念。我们的一些城市，盲目崇拜半个世纪前西方国家已淘汰的城市美化运动，追求城市不可持续的表面漂亮，忽视城市发展内在美丽基因的培育。要学会从公园的生态哲学、生态美学角度看待城市治理问题；遵循城市发展的基本规律和科学原理，摒弃人类中心主义，尊重不同生命的价值。“要树立生态美学的认识观和价值观”，从公园自然和谐的生态文明观中，培育城市景观之美、城市治理之美。

人类无节制的欲望，是自然破坏的源头。要秉承生物多样性原则，尊重自然，引导市民保护和珍惜自然。在城市建设中，注重低碳建设，反对不切实际的奢华；在城市生活中，提倡节约、环保、健康、简洁的生活方式。因此，既要满足人民群众对美好生活的追求，又要防止以牺牲环境为代价的过度消费。在公园城市的建设中：一是坚持以人民为中心的原则，满足人民群众对美好生活的追求；二是坚持生态优先和谐发展的原则，充分体现环境友好安全舒适；三是坚持高质量高效益的原则，以供给侧结构性改革推动产业产品优化；四是坚持系统谋划统筹安排的原则，突出重点分步实施，对空间、功能、生产、居住、商业等进行科学布局；五是坚持创新引领信息驱动的原则，充分释放创新活力，以智能化带动发展；六是坚持文化为核心的原则，突出天府文明和巴蜀精神[7]。

1.1.3　公园城市建设与公园建设的关系

建设公园城市不等同于在城市里建设公园。公园是公园城市建设的重要载体，但是公园城市建设的内容并不局限于公园建设，其建设目标是依托公园建设打造集生态、经济、休闲、居住等功能的城市绿色综合体，构建集约、可持续、宜居、协调统一且多样化的公园体系是建设公园城市的重要内容。公园城市建设的目的就是实现城市的可持续发展、创造舒适的人居环境、促进生态与经济以及人与自然的协同发展，因而一个科学合理的公园设计体系必不可少。

公园城市借助公园提携的规划建设优化城市课件结构与功能。公园城市通过城市公园建设使城市功能空间布局得以优化，均衡城市功能发展结构，激发城市发展活力，实现城市发展中的人与自然协调统一、和谐发展。公园城市建设要求以可持续发展为目标进行城市空间规划，尊重城市发展规律，在城市功能空间规划和发展中，以生态文明建设为中心，尊重自然，顺应自然，保护自然，形成集约、环保、可持续的空间格局和生产、生活方式。

公园城市建设路径：科学规划建设城市“公园化”的生态系统，打造宜居环境。在传统的城市规划中，往往过于偏向社会经济的发展，忽视了对民众生活环境的考虑，导致城市经济发展水平快速提升与城市人居环境每况愈下的畸形发展形态。城市建设的根本目的就是改善人类居住环境，推动人类文明的进步，在当今的城市化中不能片面追求经济发展而忽视了城市发展的根本目的——实现人的发展。公园城市理论融入了“以人为本”的理念，强调在城市发展社会经济的同时注重人居环境的改善，将“以人为本”的理念融入规划之中，致力于打造生态宜居环境。

注重产城互动融合发展，推动城市建设生产与生活方式的绿色化。公园城市建设并不是单纯地在城市里建公园，公园城市建设注重产城互动、融合发展，通过科学合理的规划，在公园建设的基础之上打造现代城市绿色综合体。公园本身具有高难度的功能复合性，在功能方面表现出很强的包容性，是建设城市综合体的绝佳载体。城市综合体一般是指融合零售、办公、商务、餐饮、住宿、综合娱乐等功能于一体的“城市中心”，是一种功能高度聚合的集约型城市经济聚集体。基于公园建设的绿色城市综合体则是兼顾生态效益与经济效益，强调在发展经济的同时，还要同步修复或改善城市生态环境，通过绿色综合体将商业、居住、绿地等要素联通起来，实现经济发展和生态发展的有机统一，推动生产生活绿色化，促进人与自然和谐发展。

因地制宜、突出特色，把城市文化融入公园城市建设。在城市建设中，突出特色很有必要，只有突出本地历史文化特色，才能真正让人印象深刻，在确保城市生态效益和经济效益的前提下，应着力打造特色人文综合体。公园城市建设应注重特色公园的建设，充分发掘地方人文资源，将地方人文元素融入绿色综合体的建设中，打造特色公园的建设，将地方人文元素融入绿色综合体，让民众在娱乐、休闲的同时能深刻感受当地的历史文化底蕴，感受城市现代化进程的脉搏，将人文历史融入公园建设。

公园城市作为新时代城乡人居环境建设和理想城市建构模式的理念创新，是指导新时代城乡规划建设的生态文明观和城市治理观。同时，公园城市理念在指标体系、规划和建设体系方面仍须不断探索和总结经验。其中，构建科学合理的指标体系是引导公园城市理念推广实践的重要手段。

不可否认，在社会经济的发展过程中，仍存在着经济发展与环境保护这对矛盾。公园城市的建设和发展正是基于这一现实矛盾产生的实践探索，同时营造生态文化自觉模式、构建宜居城市、建立保障体系。公园城市的建设理念应包含经济发展、生态环境保护、生态文化发展以及满足人民对美好生活需求的多重目标。这对公园城市的建设提出了更新、更高的要求。

如何在公园城市发展中体现这些要素，以此来评价公园城市建设的质量，也是我们必须面对的时代课题。构建和完善公园城市发展指标体系，不仅是用来引导人与自然和谐发展的城市建设新格局的重要手段，也是满足人民美好生活需求的实施路径和塑造城市竞争优势的重要抓手，更是实现对接美丽中国目标的城市发展的重要基础。

通过研究国际共同认可的可持续发展目标指标体系、城市竞争力指标体系、公共空间评估指标体系、城市生物多样性指标体系以及城市规划指标体系等全球性指标体系，结合我国的实际特点和特色，本书认为公园城市指标体系构建应分为人、场所、环境、繁荣、参与等几大类。其指数主要包含生态经济、生态环境、生态人居、生态文化、制度体系这 5 类一级指标。此外，每个一级指标又可分为 8 个二级指标，其中生态经济方面包含城乡居民人均可支配收入、绿色经济、“三新”经济、生态建设经济增加值及绿色发展指数排名等指标，生态环境包含环境空气优良天数、地表水体优良率、城市垃圾人均增长率、清净指数、生态环境状况指数、GDP 自然资源消耗值等指标，生态人居包括蓝绿空间指数、人均绿道长度、城市智慧化水平、幸福指数等指标，生态文化包括省级以上非遗拥有量、万人博物馆面积、公众共建共享指数、生态的人文价值转化率等指标。制度体系包括健康寿命年、生态空间执行率、生态文化推广体系、公园城市建设质量纳入政绩考核等指标。其中，特色创新指标有 16 个，占指标总数的 40%。该指标体系的最大特色就是凸显不同类型的城市建设具有个性的公园城市特点的同时发挥生态文化建设作用，引导人们建设生态自觉的模式，实现向公园城市方式转变。

1.2 生 态 公 园

生态公园是由自然生态系统、人类系统、社会系统、居住系统和支撑系统五大要素，通过系统组合构筑在一个特定区域的人居环境体系。在这个体系中突出强调了自然生态与人类生活的和谐统一是公园城市的显著特征。在整体规划设计时，如何将地方特色文化融入生态公园的整体规划布局中；场地存在极大高差时，如何合理对区域内绿化、景观、生态进行布置以实现生态文明引领的可持续发展之路；如何实现生态公园的多元价值发展，引导人们健康、绿色生活方式和消费理念，实现生态公园内的建筑与文化艺术布局和谐，是设计亟待解决的问题。针对融入特色文化和地方生态的生态公园发展之路，尚需依据本地区特点专门研究。

郭锦宇等[8]基于公园城市发展理念，梳理公园城市内涵，结合相关研究与案例，分析太原市在公园城市背景下的相关建设情况，并提出公园城市规划建设新思路，为生态建设提供参考。孙喆等[9]运用习近平生态文明思想，阐述公园城市极其丰富和深厚的内涵和理念：公园城市的发展需注重全域公园的发展理念，城市和自然有机融合、共生共荣的理念，城市形态集约化、组团式、低碳化发展的理念，公园城市规划、建设、绿色产业的理念。高国力和李智[10]在准确把握“践行新发展理念的公园城市”内涵的基础上，客观分析成都存在的“七强七弱”典型特征。为更好发挥成都在成渝地区双城经济圈建设中的引领与示范作用，研究围绕提升城市要素聚集能力、辐射带动能力、低碳发展能力、门户枢纽能力、品质宜居能力等方面，提出针对性政策建议，为全国其他典型城市探索高质量发展新模式提供借鉴。

刘婷[11]提出桑蚕文化主题公园设计理念，构建以“种植系统-养殖系统-生态系统-解说系统”为体系的设计方法。根据场地现状条件，形成“一带、两轴、四大系统、六个功能区”的景观空间结构，结合景观设计手段，完成石泉桑蚕文化主题公园景观设计实践，并提出“构建生态博物馆＋拓展种植养殖规模＋扩大生态利用模式＋‘桑-旅-文’融合发展”的保护性发展策略。王雅明[12]探索了盐渎湿地公园的设计策略，海盐文化的表达方式、表达载体以及文化符号提取方式等，提出文化在城市景观环境中的表达可以通过直抒胸臆、抽象隐喻、文化重现以及象征诠释的方式来推进，避免采用过于简单直白的方式进行。陈健翎等[13]建立了城市滨水带状公园活力评价模型，其表明自然活力对公园活力评价起到主要作用，设施活力对公园活力评价起到一定作用，区位活力与管理活力对公园活力评价起的作用较小，环境活力对公园活力评价所起作用最小。李翠[14]以成都市郫都区为例，构建基于公园服务覆盖和绿视率的城市绿色空间量化评估方法；考虑不同规模绿地服务能力的差异性，从居住用地和人口两个维度衡量公园绿地的服务水平，采用百度地图街景数据自动评价街道绿化的建设质量；其研究表明不同规模绿地的服务水平差异明显，带状分布特征造成小游园服务占优势，整体绿视率偏低，街道绿化有待加强。

上述研究中，大多数研究对公园城市的内涵进行了鉴定，但并未对公园城市发展背景下生态公园的科学内涵进行鉴定和明确；设计要素主要关注以景观、文化为单一主题的设计内容，未全面贯彻公园城市发展理念下的全目标、全要素的设计内容。评价体系尽管采用了定量与定性相结合的方法，但评价的内容较单一，且多关注事后评价，并未关注生态公园设计前期的全要素、全目标的评价。

1.3 智慧建造

智慧建造是建立在高度信息化、工业化和社会化基础上的一种信息融合、全面物联、协同运作、激励创新的工程建造模式，是最大限度地实现项目自动化、智慧化的工程活动。生态公园是公园城市的重要体现，项目应以数字技术赋能城市发展，智慧建造提质公园建设，实现公园城市，尤其是多元、立体、大场地复杂条件下生态公园的高效、绿色建造。

1.3.1 智慧建造概念

1. 智慧建造内涵

智慧建造是在信息化要求下从数字建造、智能建造一步步转变过来的，也就是项目建造模式的智慧化。智慧建造是一个新兴的建造理念，杨宝明[15]首先提出这一理念并阐述了其含义：走可持续发展的道路，在项目建造过程中实现低碳化、低耗能，实现资源节约、环境保护；将新兴信息技术应用到项目建造过程中，实现整个建造过程的智慧化，使项目各参与方能协同合作，信息有效共享，真正实现共赢。

作为一种新型的工程建造模式，智慧建造是建立在高度信息化、工业化和社会化基础上的一种信息融合、全面物联、协同运作、激励创新的工程建造模式。智慧建造是建立在建筑信息模型（building information modeling，BIM）+地理信息系统（geographic information system，GIS）、物联网、云计算、移动互联网、大数据等信息技术之上的工程信息化建造平台，它是信息技术与传统建造技术的融合，可以支撑工程设计与仿真、工厂化生产、安装自动化、精密测量与控制、实时监控、全生命周期信息化管理等应用[16]。

因此，智慧建造理论是以 BIM、物联网等先进技术为手段，以满足工程项目功能性需求和不同参与方个性化需求为目的，构建项目建造和运行的智慧环境，通过技术和管理创新对工程项目全生命周期的所有过程实施改进和管理的一种全新工程项目管理理论[17]。刘占省等[18]指出，智慧建造涉及全生命周期理论、项目管理理论、精益建造理论等，需在以上理论的基础上形成针对智慧建造的理论创新。

目前，对于智慧建造的研究还处于初级阶段，虽然还没有形成一个统一的概念，但可以将智慧建造概念归纳为一种以 BIM 技术为核心，物联网、4D 可视化等多种新兴信息技术的集成与应用为关键支撑，改变传统建造模式下项目各参与方、项目各部门甚至项目间信息传递和共享方式，实现全生命周期建设项目管理的有效性，从而使建设项目感知化、可视化、智慧化、绿色化的工程建造模式，其架构如图 1-1 所示。

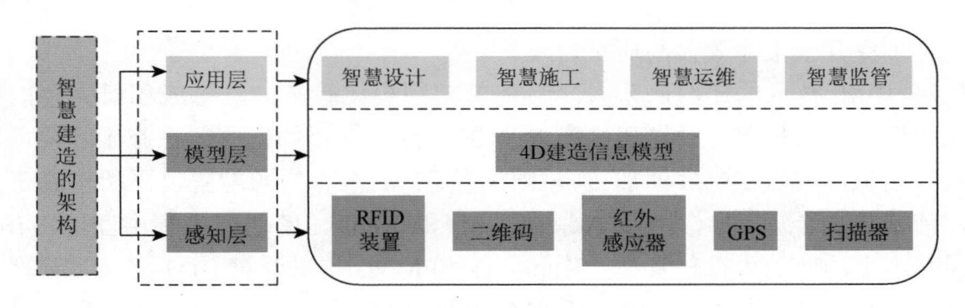

图1-1 智慧建造的架构

RFID（radio frequency identification）指射频识别；GPS（global positioning system）指全球定位系统

智慧建造的内涵可以从以下四个方面来理解：

（1）智慧建造涉及一个建设工程项目的全生命周期，即从项目的决策阶段、设计阶段、施工阶段、运维阶段直到整个建筑的拆除阶段。

（2）智慧建造是以BIM技术为核心，物联网、4D可视化等新兴信息技术为支撑的全生命周期的智慧化。

（3）智慧建造要求项目各参与方信息的协同与共享，提高建造过程中信息利用效率、资源利用率，采用精细化管理，实现低碳、低耗能、可持续发展的要求。

（4）智慧建造实现全生命周期的智慧设计、智慧施工、智慧运维、智慧监管等各参与方的智慧管理。

2. 智慧建造支撑技术

智慧建造支撑技术包括BIM、物联网、4D可视化、虚拟建造、4D项目管理等技术，在工程建设中将这些新兴信息技术充分利用，可使项目建设更加智慧化。其中，BIM技术居于核心地位，其他技术在应用过程中多是同BIM技术相结合。目前，我国智慧建造的发展主要体现在BIM技术的应用上，未来智慧建造支撑技术体系将以BIM技术为核心，为建筑业带来实质性变化。

当前对智慧建造的研究仍处于初级阶段，国内外的研究总体上是以信息技术的应用为导向，关注比较多的几种新兴信息技术主要有BIM、物联网和4D可视化。吴宇迪[19]在智慧建造的理论框架下，形象地将BIM技术比作智慧建造的心脏，将物联网技术比作智慧建造的四肢，将4D可视化技术比作智慧建造的眼睛，可见新兴信息技术的重要性。

1）BIM技术

BIM技术是以3D数字技术为基础的数字化工具，通过参数模型将项目全生命周期的项目信息进行数字化表达，并在项目策划、项目设计、项目施工到项目运维的全过程进行传递和共享。完整的BIM能够将建设项目全生命周期的信息完全覆盖，将不同时期的数据、过程、资源充分链接，对工程项目进行全面的描述，并让其内容具有共享性，各个参与方都可以使用[20]。另外，BIM技术可以实现可视化、参数化、数据化、可模拟化、可优化，这些优点提高了项目建设中的管理效率以及建设完成后交付工作的效率，并且也进一步提升了工作效益与质量。

国外对 BIM 技术的研究起步较早，研究范围也比较广，已形成相对完善的研究体系，研究成果也十分显著。前期研究一般是 BIM 局部应用的研究，在施工阶段可以对工程进度进行模拟，可较好地实时管理施工的进度、成本、资源配置，不断对施工方案进行优化，使其更加合理[21]。其中，Adjei-Kumi 和 Retik[22]的研究中利用 PROVISYS 模型，实现对施工场地的可视化管理；Kuprenas 和 Mock[23]主要对 BIM 与信息管理系统的集成进行了研究，通过与获取的现场信息较好地连接，可以对信息管理实现实时化。随着相关技术发展的日益成熟，BIM 技术逐渐应用到项目全生命周期各个阶段。例如，Guo 等[24]较早地研究全生命周期管理，借助达索系统（Dassault Systemes）公司系列软件以及相关支持技术成功地搭建了虚拟沟通协作平台，利用这一平台可以较好地在全生命周期内对建设项目进行有效管理。另外，在 BIM 技术实施中增加多方的协同管理，可使 BIM 技术在项目全生命周期的使用效率得到提高[25]。

Nenad 等[26]在构建资源规划信息系统时借助 BIM 技术较好地链接了企业之间的相关信息，这一系统可以提供一些关于施工工艺以及对象的信息，并且把项目的监控操作列为系统的服务重点内容。Tserng 等[27]对上述研究进行了优化，在 BIM 技术研究基础上构建了进度管理系统，利用这一系统，开发商可以通过浏览器实时监控项目进展等相关信息，方便工程的监管。

国内是从 2003 年才开始引进 BIM 技术相关理念及技术的，在现阶段我国对于 BIM 技术的应用已经涉及建设项目各个阶段，也被建设项目各参与方普遍使用（图 1-2）。同时，BIM 技术的应用也渐渐得到了各个层面的认可和重视，一些科研机构和高校纷纷设立 BIM 技术专项研究课题，针对我国的建筑行业实际情况进行基础性和应用性研究。

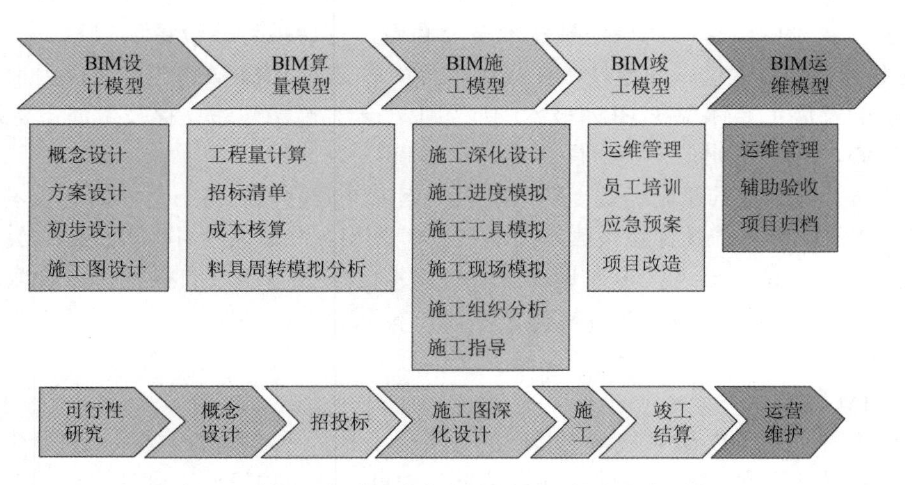

图 1-2　建设工程项目全生命周期 BIM 技术的典型应用

张建平等[28-30]从 BIM 技术、方法、标准和软件等方面进行讨论研究，得出较多的研究成果，包括 BIM 在施工过程中的技术框架、BIM 应用系统及相关功能模块，施工过程中的 BIM 技术应用流程，并且将这些研究成果进行了实践应用，促进了项目施工的良好开展，较大地推动了我国BIM技术在施工管理方面的应用研究。

赵彬等[31]通过将精益建造的理念同 BIM 技术协同应用，构造了两者之间的交互矩阵，并应用到工程实践当中，同时还提出利用BIM技术的其他功能使项目建造更加精益化、高效化，项目实现的价值也最大化。

葛文兰[32]的研究更加具体化、全面化，论证了BIM技术在不同参与方的应用、不同项目阶段的应用以及不同应用层次的应用，通过这几方面的研究总结出在项目设计、项目施工过程以及优化控制管理这几个过程中的各变量之间应用的关系，这些变量包括政府、建设、设计、施工、运营、造价咨询、项目管理和教育等机构，使得BIM技术在工程项目中的发展有了一定的方向。

卢祝清[33]以铁路项目建设为例，应用 BIM 技术实现了从项目的立项决策、勘察设计、施工建造、竣工验收到运营维护的全生命周期管理。

2）物联网技术

物联网的优势是将网络互联和信息感知实现有机结合。关于这一方面的研究，我国学者做了大量的工作并且研究成果十分突出。物联网是通过将 RFID 装置、红外感应器、全球定位系统、激光扫描器等传感设备安装在物体上，对物体形成感知并采集物体的信息，传递到与互联网形成的网络中进行处理，然后再输出到控制终端（如手机、电脑等）进行应用。

物联网作为智慧建造中的重要组成部分，为智慧建造提供了信息传递渠道，可以对建设项目信息进行采集，并且对这些信息进行传递，对采集的信息进行反馈，能够较好地对项目进行监控，促进信息的交流与互动。

目前，物联网技术主要应用于建设项目管理，在建设项目信息管理中应用最为广泛，能够将各类信息进行分类梳理以及整合，使信息更加有条理，提高了信息的提取速度。国内外的学者在物联网应用领域已经取得了一定成果。

Song 等[34]的研究提出一种关于物料的识别机制，这一机制基于 RFID 技术提高了对物料识别的速率。Ju 等[35]针对材料信息共享开发出一种自动监控系统，利用这一系统对相关信息的管理更加准确与及时。Saiedeh 和 Carl[36]的研究首先设定一个参照标签，利用这一参照标签可以及时对材料位置进行校正，使项目管理更加准确。何愉舟和韩传峰[37]在物联网的基础上，通过参考大数据，从中提取相关信息，构建管理模型，利用这一模型为智慧建造提供相关应用信息，将其和智能建筑框架进行结合，为智能建筑的发展提供支持。

3）4D 可视化技术

4D 可视化是指在建筑产品的 3D 几何模型的基础上加上时间维，将工程项目的进展仿真化、可视化，项目管理者可以通过这种仿真模型对工程进行实时指挥操作，使工程进度计划的修改、工程量的计算、项目成本的分析实现实时化。智慧建造需要 4D 可视化技术的支撑，是因为 4D 可视化技术可以将已实现的以及正在发生的建设过程可视化，并且可以对建设过程中的各类信息进行优化处理，另外也可以对项目中的场地布局进行动态调整与控制。

国外学者对 4D 可视化技术的研究范围包括利益相关者协同、决策制定、项目管理能力评估、施工现场空间冲突识别等，对 4D 可视化技术的研究已相对成熟。在设计方面，4D 可视化技术的应用能比传统 2D 计算机辅助设计（computer aided design，CAD）图表更快发现逻辑错误，与网络相结合，还能提高设计工作者在计划和安排中的协同性。在施工阶段，通过 4D 可视化技术实现施工进度和成本的可视化管理，并保障各参与方相对自由地进行信息交换。这也表明 4D 可视化技术在项目管理中的重要性。例如，Tanyer 和 Aouad[38]利用 4D 可视化技术改进了成本估算工具，使成本估算管理实现可视化并提高了管理效率。

国内的研究重点在 4D 可视化技术在 BIM 的动态模拟与 BIM 的集成应用方面。张洋[39]将 4D 可视化技术应用到施工计划管理方面，实现动态模拟管理及优化，并提出相应信息平台的开发方法。唐文波和宋占峰[40]采用 4D 可视化技术编制了大型桥梁工程施工进度计划，并提出信息具有时空双重属性的含义。胡振中等[41]为实现施工进度计划的集成可视化，提出了 4D 施工管理系统，将设计成果与施工过程的信息相互关联，并将该系统应用于青岛海湾大桥建设项目，取得了很好的成果。

4）新兴信息技术的集成应用

建筑业信息化的推进，加速了新兴信息技术在建筑业中的应用。实践证明新兴信息技术的应用有助于项目管控水平的提高，实现项目各参与方协同，并能成为解决建设项目管控问题的关键。现阶段，国内外学者对于多种新兴信息技术的集成应用关注较少，研究成果也很少。

Flager 等[42]认为通过将 BIM 技术与互联网集成应用，可以开发设计施工一体化的集成软件。Hu 和 Zhang[43]将 BIM 和 4D 可视化技术结合，分析施工过程中的结构安全和冲突问题，在一定程度上实现对施工过程信息管理集成化。Dossick 等[44]通过多种信息技术的集成应用实现建设项目中的虚拟团队协同工作以及项目信息的整合，并通过整合讨论问题的显隐性提出解决问题的有效途径。李天华[45]在项目的施工过程中利用物联网的传感设备收集项目相关信息，并与 BIM 相连接，实现信息的实时传递，当发现实际情况与计划之间存在偏差时，通过 BIM 进行调整，实现对建设工程项目实时的动态管理与控制。

5）智慧建造协同管理

随着计算机、信息化和数字化技术的发展，采用信息化技术实现项目的协同管理研究日渐增多。例如，刘星[46]以工程项目管理中的信息协同为研究对象，结合 BIM 技术，构建了基于 BIM 技术的工程项目信息协同系统架构，阐述了基于 BIM 技术的工程项目信息协同管理的具体实施方式，以期为工程建设企业更好运用 BIM 技术来进行工程项目协同管理提供理论支持。陈杰[47]将云计算（cloud computing，CC）技术与 BIM 技术集成应用于建设工程协同设计与施工协同中，提出了基于 Cloud-BIM 的建设工程协同设计平台与施工协同平台，以及相应的协同设计平台一般工作流程，实现了不同专业在协同平台上的同步 3D 设计。陈慧[48]将 BIM 工作站在管理组织架构中定位为信息集成调配中心和项目管理协同中心，并基于此重组以施工总承包为中心的项目管理组织架构，梳理各参与方整体协同工作过程，提出 Cloud-BIM 协同管理的工作机制。

但目前，国内智慧建造研究热点更多的还是聚焦于核心技术、智慧工地等局部或阶段性课题[49]，从全生命周期角度梳理智慧建造相关管理理论和技术，并形成整体协同管理相关理论的研究还未出现。协同管理理论的缺失，导致目前的研究缺乏全局视野。用信息化建模 BIM 技术，实现项目全过程的管理还处在初步发展阶段，多方参与、多系统协同管理的平台尚未形成。特别针对大型生态公园建造技术，信息化技术是确保建造质量、建造效率和安全施工的重要保证，如何实现 BIM 技术在建造技术中的全过程管理和应用，利用 BIM 技术作为接口，将虚拟场景、工程数据、进度信息、无人机航拍、倾斜摄影、模型等集中展示，实现工程信息的随时、随地抓取，及时反映项目推进的各项信息，实现对项目现场的实时监管的一体化技术还处于研究和探索阶段。

1.3.2　智慧城市与智慧建造

智慧城市是城市从数字化、网络化向更高阶段——智慧化发展的新阶段。它是促进我国实现经济转型升级和促进信息化、城市化与工业化之间的融合，推动新型城镇化，全面建成小康社会的重要举措。城市的特征是人、建筑和交通等的高度集中，作为人衣食住行中重要角色的基础设施和建筑，如何做到智慧，是城市能否智慧化的关键环节。因此智慧城市要求以“绿色、智能、宜居”的智慧建筑来满足整个城市的可持续发展和智慧运行。

1. 智慧城市要求绿色的建筑

我国目前建设活动造成的污染约占全部污染的三分之一，建筑运营过程中也存在高能耗的问题，造成了大量的能源和资源消耗。发展绿色建筑，倡导节能减排，集约低碳对于发展节能型社会与城市的可持续发展具有重要意义。绿色建筑是指在建筑的全生命周期内，最大限度地节约资源（节能、节地、节水、节材）、保护环境和减少污染，为人们提供健康、适用和高效的使用空间，是与自然和谐共生的建筑。

2. 智慧城市要求智能的建筑

在信息社会中，人们对于建筑的概念也在发生变化，传统建筑提供的服务和功能已远远不能满足现代社会和工作环境等方面的要求。这就需要对建筑物的结构、系统、服务和管理等基本要素以及它们之间的内在联系进行优化组合，结合通信技术、网络技术、信息技术、自动化控制技术、物联网技术等先进科技手段，提供一个高效、智能、便利的环境。

3. 智慧城市要求舒适宜居的建筑

建造舒适宜居的建筑是我国发展“宜居城市”的要求。宜居的建筑是指安全、舒适、健康、美观等功能健全，能满足节能、生态、环保及可持续发展要求，符合人的生理及心理舒适性需求的时代性建筑，它是城市及世界可持续发展的动力源，是提升居住品质的重要载体。

4. 智慧建筑需要智慧建造

智能、绿色、宜居的智慧建筑要求有一个集约、高效、绿色、智能的建造过程来支撑，这就需要智慧建造。智慧建造与智慧城市在时间上和空间上都存在着紧密的逻辑关系。从时间上来看，智慧建造作用于全生命周期，使建筑物及其他载体成为智慧的建筑；从空间上来看，利用智慧建造方式打造的每一个智慧建筑，通过各类智能基础设施联系在一起，成为智慧社区、智慧园区、智慧区域，空间上一直拓展为智慧城市。智慧项目的实施必然需要注重智慧建造，智慧城市的规划必然需要全生命周期全过程管理，各类基础设施、各类智慧系统都必然需要与智慧建造充分结合，这也决定了新型智慧城市的建设离不开智慧建造，智慧建造亦是新型智慧城市建设中的重要单元或模块，它当然能有效助推新型智慧城市的建设。

1.3.3 公园城市与智慧建造

公园城市作为全面体现新发展理念的城市发展高级形态，坚持以人民为中心、以生态文明为引领，是将公园形态与城市空间有机融合，生产生活生态空间相宜，自然、经济、社会、人文相融的复合系统，是“人、城、境、业”高度和谐统一的现代化城市，是新时代可持续发展城市建设的新模式。由以上定义可知，公园城市是对过往城市发展模式的升级，是在实践中逐步形成的、适应生态文明建设新时代城市发展的新模式，对建设美丽中国、实现中国梦具有重要战略意义。公园城市这一城市发展模式对城市建筑、基础设施等的建造提出了更高要求，也就是说，公园城市的建设必须通过智慧建造来实现，同时，为适应公园城市建设目标，智慧建造的理念也应不断升级和完善。

1. 公园城市的基础是智慧城市

公园城市是一个集生态性、景观性、功能性、文化性、普惠性于一体的宜居宜业宜学宜养宜游的美丽家园，是全面体现新发展理念的城市发展高级形态。它的建设不是简单地在现有城市模式的基础上修建更多公园，而是以人、社会、自然和谐共生和持续繁荣为根本宗旨，着力突出统筹与融合，具体应把握 7 个方面：①人、城、园（大自然）三位一体，实现和谐共荣；②规划、建设、治理全过程统筹，引领绿色高质量发展；③生态、生产、生活“三生”统筹兼顾，引导健康和谐可持续发展；④蓝（水体、水系等）、绿（绿色空间、绿色基础设施）、灰（硬质市政设施）统筹融合，保障城市韧性安全；⑤政府、社会、市民三大主体同心同向，切实做到共谋、共建、共治、共享，推动城市实现社会善治和谐；⑥生态、景观、文化与产业多元统筹，以生态园林为主要活力要素，推动生态产业化、产业生态化；⑦多学科、多专业、多行业、多领域、多部门协同合作，优势互补、互利共赢。

显然，这样全方位的融合与升级需要城市体系具备更透彻的感知、更广泛的互联互通、更深入的智能化。其中，更透彻的感知是指利用任何可以随时随地感知、测量、捕获和传递信息的设备、系统或流程快速获取城市信息并进行分析，便于立即采取应对措施和进行长期规划；更广泛的互联互通指通过各种形式的高速、高带宽通信网络工具，将个人电子设备、组织和政府信息系统中收集和储存的分散信息及数据进行链接、交互和多方共享，从而对环境和业务状况进行实时监控，从全局角度分析形势并实时解决问题，使得工作和任务可以通过多方协作完成，改变整个城市的运作方式；更深入的智能化指深入分析收集到的数据，以获取更加新颖、系统且全面的洞察来解决特定问题，从而更好地支持城市发展决策和行动。而具备以上三层体系的城市形态，即我们所追求的智慧城市。简而言之，作为城市发展的终极愿景的公园城市必然是运行更加高效、智能的智慧城市。也就是说，公园城市的建设同样需要智慧建造的支撑。

2. 公园城市建设要求智慧建造创新

公园城市的理念反映了时代发展要求和人民的热切期盼，它的建设要以资源环境承载力为底线，基于国土空间开发适宜性评价，总结吸收“生态园林城市”“绿色城市”等城市发展模式的成功经验和思想精华。公园城市所追求的六大价值，即绿水青山的生态价值、诗意栖居的美学价值、以文化人的人文价值、绿色低碳的经济价值、简约健康的生活价值和美好生活的社会价值，无疑对城市基础设施、建筑物的建设过程提出了新要求。如前所述，公园城市必然是智慧的，其建设以智慧建造为途径。因此，为实现公园城市的六大价值，当前智慧建造的内涵也必须有所创新。

（1）智慧建造需要实现理念创新。公园城市建设的目标格局从“园在城中”转变为“城在园中”，由“老百姓身边有公园”转变为“让老百姓诗意栖居在花园般的公园城市中”，本质上需要突破“人凌驾于自然之上、人的需求至上、人定胜天”的传统思想，上升为“人与其他生物一样都是自然之子，要以人类的智慧与理性，善待、敬畏大自然，并与之和谐相处”。因此，在做城市规划时，首先需要创新理念，突出生态价值，强调生态优先、保护优先、自然和谐。项目的设计、建设、更新等都要以保护上天赐予的自然资源和祖祖辈辈传承下来的历史文化为前提，以山、水、林、田、湖、草等自然资源承载力为底线，而不是盲目贪大求洋、求新求异。目前，在智慧建造的规划阶段主要还应聚焦于如何利用技术来实现信息共享和提升效率，对更加强调生态、美学、自然的六大价值还未予以充分考虑，需要在未来的实践中不断予以完善。

（2）智慧建造需要实现机制创新。智慧建造首先应以空间规划设计为引领，建立人、城、园（大自然）融合的创新机制。从整个城市空间规划层面，将城市绿色共享空间纳入用途准入控制，明确空间边界和属性，并与城市建设发展相关规划对接、动态调整；在摸清城市绿色空间本底并进行综合评估的基础上，明确公园绿地、生态廊道等各类绿色空间的总量、最低值等管控指标；实施绿色空间结构布局与形态控制，划定生态控制线和绿线、蓝线。在项目设计层面，应按照城市总体规划对公园城市项目进行定位和设计，项目方案应与城市赋予所在地区的功能和定位相匹配；在设计阶段就应考虑项目全生命周期的智慧运行需求，同时运用数字孪生技术克隆项目周边自然环境，为虚拟设计提供支撑，最大限度地保证项目与自然的和谐统一，提升项目生态价值。

（3）智慧建造需要实现模式创新。公园城市的智慧建造过程应尊重城市的历史发展演变规律，对不同城区采取差别化建设模式。在城市老城区，实施“+ 公园”的建设模式，像绣花一样实施存量更新，以有机更新、老旧小区改造、生态修复等为契机进行留白增绿、见缝插绿、修复建绿，补齐总量不足、品质粗劣等短板，促进环境品质全面改善、区域功能完善、叠加和综合提升。在城市新城区，实施“公园 +”模式，对公园城市项目实施前置规划，因地制宜、就近配置并有序建设公共服务设施、公共休闲设施、商业服务设施和居民住宅等，打造美丽宜居环境，实现城市绿色与灰色空间的融合、叠加，促进城市高效发展。

1.3.4 生态公园与智慧建造

随着信息技术的发展，传统建造已无法适应现代化建设的要求，下面主要从应用范围、应用技术、组织形式、信息传递方式、信息传递效率、应用信息模型、多参与方协同等方面分析智慧建造与传统建造的区别（表 1-1）。

表 1-1　智慧建造与传统建造的主要区别

对比内容	传统建造	智慧建造
应用范围	主要是建筑项目施工阶段	建筑项目全生命周期
应用技术	CAD、互联网、数据库等传统信息或网络技术的应用	BIM、物联网、4D 可视化等新型信息技术的应用与集成
组织形式	松散组织形式，具有冗长的组织结构，多数情况下是根据具体管理任务组成的临时组织	利用新兴信息技术将项目的所有参与方组织集成到虚拟组织中，实现统一、协调、资源共享
信息传递方式	纸质文档、会议、电话、传真、Email、快递等方式	通过物联网和普适计算等实现实时的信息交互
信息传递效率	传递效率低，传递过程中容易造成信息缺失，各方主体之间大多是相互独立的，易造成“信息孤岛”	通过改变信息的交互方式，提高信息的传递效率，各参与方需要可随时获取相关信息，实现信息协同、共享
应用信息模型	大多使用面向对象的建模技术，少数使用单一建设过程的 BIM 软件实现参数化建模技术模型。功能较为单一，往往仅能辅助某一方面的决策，自主分析和解决问题能力不足	利用多种新兴信息技术集成的参数化建模技术。功能多样、互相关联，能实现全生命周期的“三控两管一协调”
多参与方协同	基本无法实现多参与方协同信息管理，仅能通过沟通实现以各自利益为出发点的合作	多参与方协同的工作环境，并实现多方协同的信息管理

通过以上对比分析，可以发现传统建造模式存在诸多问题，现代化建造需要智慧化。

智慧建造理念是将人类特有的智慧能力应用到建设工程项目建造过程中，使项目建造过程和管理智慧化，实现对项目全生命周期智慧化管理。智慧建造的基本单元是单个建设项目，关键是实现单个建设项目建造过程中的智慧化。因此，公园城市中的生态公园建设是智慧建造的完美呈现，同时智慧建造为公园城市建设提供了实现方法，也为公园城市建设过程提供了项目级的解决方案。

1.4　生态公园建造技术

生态公园的建设需要充分利用智能手段和相关技术，提高建造过程的智能化水平，减少对人的依赖，达到安全建造的目的，提高建筑的性价比和可靠性。景观建造、地形营造、湖底防渗以及混凝土质量控制是生态公园建造的关键技术。

成丹[50]基于 X3D 标准，结合多种图形图像工具，实现了 X3D 虚拟模型的快捷构建方法，并给出了 X3D 模型构建及浏览的相关优化方法，研究了语言的交互机制，提出了 X3D、Java、XML 之间通信的方法，同时结合结构化查询语言（structured query language，SQL）数据库，实现了虚拟植物景观的参数设计功能，结合 Java 数据库连接（Java database connectivity，JDBC）技术和可扩展标记语言（extensible markup language，XML）技术，完成了基于 X3D 的虚拟植物景观的参数化构建。王亚飞[51]引进了地图抽象的概念，将景观模型抽象为点、线、面三类，分别叙述了各类模型的建造过程，接着提出了利用 Terra Vista 工程管理进行场景合成的方法，只需利用鼠标就可以控制视点的位置、观察的角度以及飞行的速度。赵熙[52]将虚拟影像技术与景观装置结合，有效解决了景观装置发展的技术制约、形式制约、应用制约、场地制约，具有智能时代数字化技术特征，并形成动态展示、游戏娱乐、辅助日常的多元化功能，为顾客带来视觉、听觉、触觉的多感官沉浸式体验。李至惟[53]认为信息采集的方式由总体到局部，对大体块进行整体的信息采集，再通过其他的技术手段对场地细部信息进行采集。

吴晓舟[54]提出在利用和塑造园林地形时尤其要注意以下几个方面：注重文化性、因地制宜的要求、师法自然的要求、空间对地形塑造的要求、山水联系的要求、地形地貌比例的要求。西方古典园林地形与其他景观要素的关系主要体现在形体的呼应上。杨博文[55]认为通过地形与其他景观要素的呼应，可以创造出更加丰富的景观空间，具体表现为：与自然关系相协调，对审美对象的处理，注重园林艺术的再现，与人的使用相契合。

应小明和王海霞[56]指出使用 RFID 技术可通过手持设备无线测试混凝土的成熟度。李可心等[57]提出基于 G（GLCM）-S（SOM）-G（GLCM）混凝土结构裂缝智能识别及监测方法，充分结合灰度共生矩阵（gray-level co-occurrence matrix，GLCM）与自组织映射（self-organizing maps，SOM）各自的独特优势，建立起精准识别裂缝损伤的网络模型，并对裂缝的发展趋势进行有效监测。此外，《湖南省住房和城乡建设厅关于加强装配式建筑工程设计、生产、施工全过程管控的通知》中要求从 2018 年 12 月 1 日起，全省所有混凝土预制件（precast concrete，PC）生产企业在生产环节中统一采用植入芯片或粘贴二维码等电子信息技术标识，实现质量责任可追溯。

天然钠基膨润土防水毯作为人工湖防渗工程中一种生态环保、经济耐用和防渗性能优越的新型防渗材料，在金田生态景观湖防渗工程中的应用取得了很好的防渗效果和生态经济效益。车向群[58]将其与防渗材料进行对比，认为天然钠基膨润土防水毯方案在地形地质适应性、生态环境影响度、运行管理和投资经济效益等方面均较优。董剑[59]结合大凌河人工湖湖盆防渗工程施工中快速有效的施工降排水措施和程序化的分段挖填施工组织，对铺填流水施工方案进行了报道：工程开挖区域按河道轴线拟定分为若干段，结合施工降水能力范围划定分段开挖作业面，每段长约 100m；亦可根据施工机械配备及人员数量分两组分别从上、下游两个区段同时向中间施工。根据设计开挖底高程和原地形特征采取分两区施工的措施，B 区进行覆盖清理及弃料外运等平衡作业，结合绿化带填筑进行；A 区进行铺填联合作业。铺填区开挖分两层进行，第一层开挖结合膜上回填一次挖至设计高程以上 15cm；第二层开挖至清基平整，为后续铺膜做准备。

1.5 存在问题

公园城市是对新时代城市现代化建设的创新探索，需要全面贯彻“一尊重五统筹”城市工作总要求，推动生产生活生态融合发展。必须坚持生态优先绿色发展的路径导向，秉承“人城”的发展逻辑，构建生产生活生态相融的空间形态，形成生产空间集约高效、生活空间宜居适度和生态空间山清水秀的公园城市新景象。

建设践行新发展理念的公园城市，是一场全新的创新实践，是一场深刻的改革探索。在公园城市背景下，遵循新发展理念，城市生态公园建设需解决以下问题。

（1）如何利用现代化信息技术对生态公园景观进行优化设计，同时做到景观园林效果一次成型。

（2）如何优化提升城市生态公园项目建设中地形营造、景观湖底防渗以及混凝土质量控制等环节的关键施工技术。

（3）针对项目建设点多面广的特点，如何实现项目参与各方的数据实时传递与协同处理。

本书面向公园城市建设，针对以上问题开展城市生态公园智慧设计、建造与协同管理的关键技术研究。

第 2 章　智慧建造管理模型

2.1　理念来源与途径

“生态 + 智慧”理念是智慧建造管理的核心理念。这一理念源自公园城市与智慧城市发展的客观需求。城市是一个复杂的综合体，由城市生态、城市社会、城市经济、城市服务、城市创新五大核心功能系统构成。随着城市数量和人口的增多，城市被赋予前所未有的经济、政治和技术的权利，从而使城市发展在世界中心舞台起到主导作用[60]。但随着人类文明的不断发展，如今城市的发展也面临诸多挑战：低效的城市管理方式、拥堵的交通系统、不完善的城市应急系统、被污染的城市空气等。当城市的发展面临这些实质性的挑战时，如何升级调整既有城市发展模式以适应未来的发展成为一个我们必须面对的现实问题[61]。

2008 年，在全球性金融危机的影响下，IBM 公司首先提出了智慧地球新理念并作为一个智能项目被世界各国当作应对国际金融危机、振兴经济的重点领域。城市作为地球未来发展的重点，智慧地球的实现离不开智慧城市的支撑。通过智慧城市建设不仅可以提供未来城市发展新模式，而且可以带动新兴产业（如物联网）的发展，因此很快在世界范围内掀起了一股风暴，各主要经济体纷纷将发展智慧城市作为应对金融危机、扩大就业、抢占未来科技高点的重要战略[62]。2018 年 2 月，习近平总书记提到的“公园城市”，是对未来城市走绿色发展之路提出的新要求，为我国城市建设深入落实“生态优先”规划理念明确了新的目标。因此，“生态 + 智慧”就成为我国迎接城市发展新挑战，解决城市发展现实问题的指导思想和目标[63]。

建设“生态 + 智慧”城市的一个核心内容是各类基础设施和建筑物的建造。在“生态 + 智慧”理念下，智慧建造概念的产生成为必然[64]。换句话说，“生态 + 智慧”的公园城市和智慧城市是智慧建造的理念来源，而智慧建造则是“生态 + 智慧”的公园城市、智慧城市得以实现的必然路径[65, 66]。

2.2　智慧建造理论

智慧建造是一种新兴的工程建造模式，其主要理论基础包括：建筑工程全生命周期管理、可持续发展理论、精益建造理论以及工程项目管理信息化。

2.2.1 建筑工程全生命周期管理

建筑工程全生命周期管理（building lifecycle management，BLM）是将工程建设过程中包括规划、设计、招投标、施工、竣工验收及物业管理等作为一个整体，形成衔接各个环节的综合管理平台，通过相应的信息平台，创建、管理及共享同一完整的工程信息，减少工程建设各阶段衔接及各参与方之间的信息丢失，提高工程的建设效率[67]。

可以看出，BLM 的核心理念是强调全生命周期信息的管理过程，其要点可以概括成 3 个方面。

（1）更好地创建信息，保证信息在传递过程中的准确性和有效性。首先，目前建设项目设计阶段的大部分设计成果仍是以二维图形的形式来表现建筑物的空间几何关系，然而使用二维图形来表示空间三维实体必然存在一定的局限性，通常还需用图例对建筑物进行定义，显然对建筑物的解释并不严格、完整。其次，仅以二维的点、线、面来表征建筑物，无法展示建筑真正的实体特征，如构件的材料属性、防火等级、空间拓扑性质、供货商、价格信息等。BLM 中使用 BIM 技术可以保证信息的数字化，从而保证信息的准确性和有效性。

（2）更好地管理全生命周期建设工程信息，不但要以数字化的形式创建和保存信息，创建有效机制对信息进行存储和跟踪，而且更强调能联系多方面、多性质的信息，并为各阶段、各参与方提供数据接口。

（3）集成项目全过程，以项目各参与方之间的共享信息为目标。建设工程各阶段、各参与方之间绝不是相互孤立的个体，必然要进行协同互动。传统管理模式下信息交流的协同性差，信息的有效利用率低，建设工程项目的实施过程是相互分离的，多是各参与方之间通过点对点的方式进行协同工作，如图 2-1 所示。

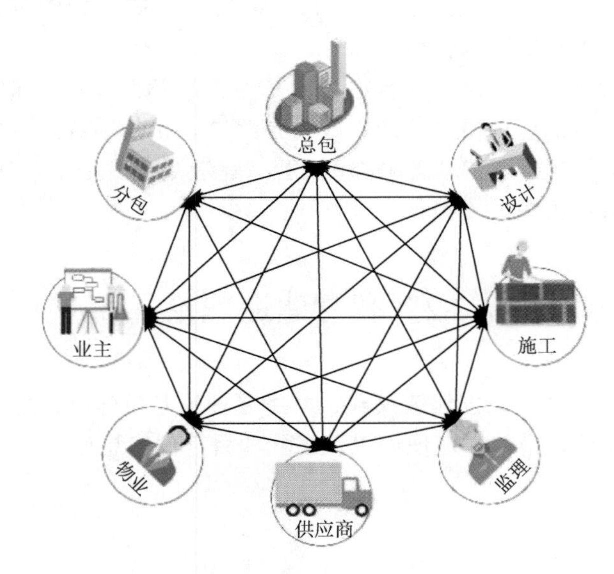

图 2-1　传统管理模式下信息协同模式

与传统模式相比，BLM 模式下信息的传递有着极大的不同，是将信息共享管理方式从点对点形式转变为集中式形式，建设项目各参与方通过统一的综合信息管理平台直接进行信息的获取、传达和共享，使信息传递的效率和准确性得以保证，各阶段、各方之间的协同程度大大提高，如图 2-2 所示。

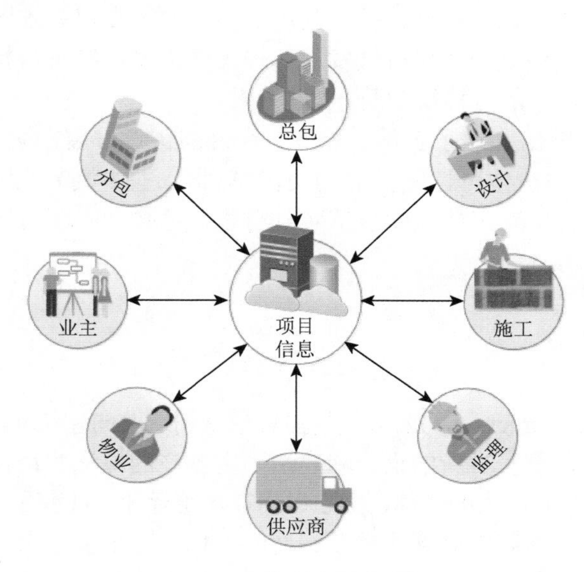

图 2-2　BLM 模式下信息协同模式

2.2.2　可持续发展理论

在全球化时代，可持续发展作为国际社会普遍关注的问题，同样也是中国所面临的重大课题。

可持续发展的核心思想是：要实现经济社会的健康发展，必须以生态可持续发展为基础，在满足人类多方面需求的同时，保护资源和生态环境，避免对后代人的生存发展构成威胁，强调鼓励合理利用和开发资源，综合考虑生态、社会、经济、文化等多种因素，把眼前利益和长远利益、局部利益和整体利益结合起来，推动社会健康发展[68]。

可持续发展理念包括五个要求：①保护与发展相结合；②满足人类的基本需要；③ 达到公平与社会公正；④社会制度的可持续性与文化上的多样性；⑤维护生态完整性。

自然对于人类生存具有“维生价值”，提供了除经济作用外的生态价值与精神价值，自然资源的生态价值、经济价值与社会价值三者不可分割。可持续发展理念以人与自然关系的新认识为基础，表达对自然态度的新超越，从根本上颠覆了人们对人与自然关系的传统认识，因此在可持续发展理念发展的道路上，生态可持续、经济可持续、社会可持续这三者相辅相成，任何一方都无法从其中剥离。

可持续发展作为一种新的发展理念与发展战略，在一定区域环境下，可持续发展的长远目标应是确保区域具备可持续发展的能力，保证区域的生态安全和环境稳定，促进区域的社会文化和谐发展，增强区域的经济平衡能力等。环境的可持续性要求保持稳定的环境资源，避免对环境资源过度开发利用；要求维护自然环境的自我治愈力，保证区域生态系统循环水平维持在一个健康的高度。经济的可持续发展是指经济的可持续性，即经济能够持续地提供产品和劳务，并保持经济内部局部和整体的平衡关系，避免对所在环境造成消极影响。社会的可持续发展性，即平衡人与自然以及人与人的关系等，人要遵循自然规律，正确认识并合理保护与利用自然资源，在促进本区域可持续发展的同时，不能违背或牺牲其他区域的可持续发展，在关注生态、经济可持续发展的同时，关注区域场地历史文化内涵的可持续发展。

可持续发展理念突出强调了自然、经济、社会的协调发展，尤其是生态可持续性，生态环境作为维系人类整体可持续发展的资源基础，它的可持续发展对于社会健康发展具有决定性意义；将生态可持续发展落实到首位，对城市环境的健康发展具有决定性意义。

2.2.3　精益建造理论

精益建造（lean construction，LC）是精益思想从制造业向建筑业的延伸，是以生产管理为基础的项目交付，是一种新的设计和建造固定资产的方法。精益制造在制造业的设计、供应和组装方面引起巨大的变革，把它运用在建筑行业，改变了整个交付过程的工作方法。精益建造包含的内容扩展到从精益制造的目标——价值最大化和浪费最小化，到在新的项目交付过程中具体的技术及其应用。

到目前为止，精益建造已被广泛应用于全球范围，在加快工程进度、减少成本投入等方面效果显著。精益建造更强调建筑产品的全生命周期，精益建造在建筑项目中的三大目标是：①建筑产品的成功交付；②资源浪费的最小化；③价值创造的最大化。

精益建造的过程是一种动态的、知识驱动的、以客户为导向的过程，在这一过程中，始终围绕着“减少浪费”和“创造价值”两大核心思想去进行，以项目目标为总目标，以降低项目成本、缩短项目建设周期、提高项目价值为目的，在项目管理中组织实施对整个项目的综合性管理。

精益建造理论首先是对客户的需求进行管理，明确客户的需求是首要任务，这样才能够提高设计水平并且减少设计上的变更。标准化管理为将制造业的技术方法引进到工程建设项目中做准备。过程绩效评价贯穿于建设的全过程，用设计好的绩效评价，根据科学性、全面性、可操作性、可比性原则，系统指导和评价操作，激励人们的精益施工行为，进行指导并持续改进。

精益建造跟随时代发展需要，衍生出很多内容，也与更多的技术结合，将精益建造更加完善与精细化；融入最后计划者系统、全面质量管理、可视化管理、并行工程和准时生产等精益建造关键技术，持续动态地对建设项目管理方式与方法进行改进，达到消除不必要浪费、不断促进管理质量提高的目的，进而为提高项目价值提供保证。

随着 BIM 技术在工程领域的推广和应用，贯穿项目全生命周期的精益建造显示更大的优势。精益建造作为一种先进的建造体系，在项目全生命周期各阶段，包括开发、设计、施工、验收阶段，都与传统建造模式有所区别，其中最大的区别即传统建造模式是推动式生产方式，按计划对资源进行配置，而精益建造模式是拉动式生产，按实际需求配置资源。随着计算机技术的普及和快速发展，信息技术在精益建造的应用中发挥着越来越大的促进作用，在实际项目的执行过程中，结合计算机信息技术，面向建筑工程的设计、采购、施工、交付及运维等阶段，将人、材、技术、资金、信息以及环境等控制因素纳入其中，有效地促进项目可持续发展（图 2-3）。

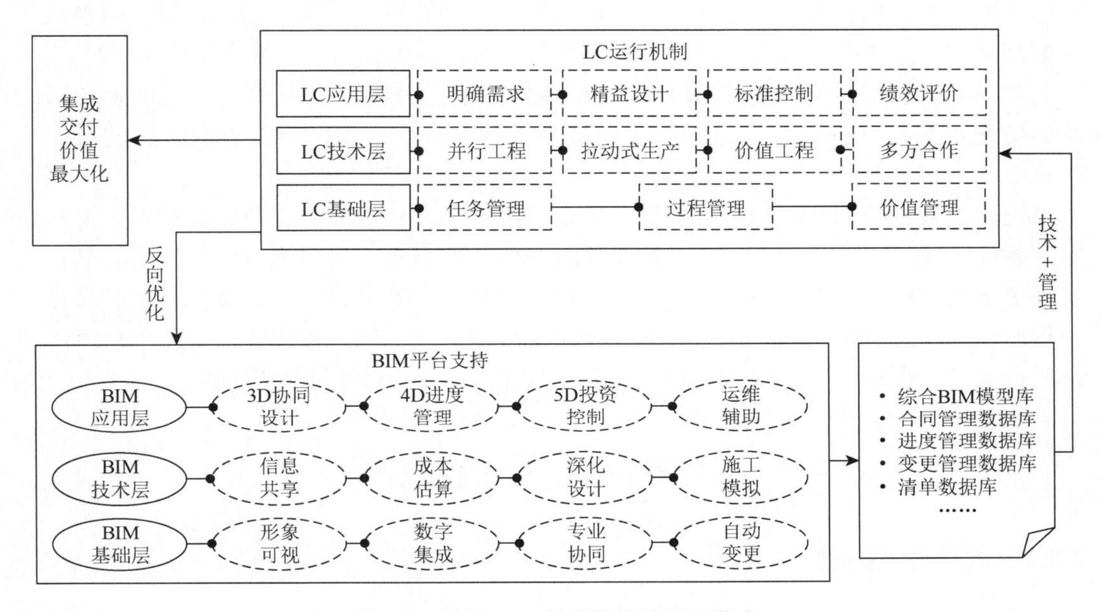

图 2-3　基于 BIM 技术的精益建造模式

2.2.4　工程项目管理信息化

工程项目管理定义为以顺利完成工程建设活动为目标，在一定约束条件下，对项目实施过程中的计划、决策、控制、协调等一系列活动的总称。

工程项目管理包括项目投资、合同、资源、质量、进度、成本、风险等多个方面，涉及项目设计、设备、监理、物资、施工、运营等多个部门或组织，彼此间的沟通和协调困难，因为需要进行有效的管理和维护大量的工程项目管理信息，因此工程项目管理成为一个复杂的系统工程。

工程项目管理的难度会随着项目不断扩大的规模而逐渐增加。因此实现工程项目的信息化管理，设计企业项目管理系统的构架，以满足工程项目管理的需求势在必行。

从建筑施工项目管理和应用领域来看，工程项目管理信息化是通过智能化的手段，对企业内部项目进行创新和完善，不断规范企业管理手段、制造过程、项目流程、经营管理及其生产规模情况的一系列程序。工程项目管理信息化的最终目标是通过智能化的手段，结合项目管理的相关理论，将现代信息技术融入工程建设管理中，从而研发出新的项目管理信息化系统，以此来对项目实施过程中的成本造价、人员薪资、工程期限、风险评估、资金规划、竣工质量等情况进行实时监督和管理，进而提升工程项目的总体管理水平，解决项目实施过程中存在的问题。可以说，工程项目管理将信息化融入其中不仅能够在一定程度上使项目管理更加智能化，也可以为工程项目经济效益的最大化奠定坚实的基础。

工程项目管理的信息化，以工程项目管理理念的信息化为导向，以相关的信息资源利用为核心，以提高项目管理绩效为目标，由项目相关各方参与，全方位覆盖项目管理的全过程。工程项目管理信息化包括工程信息资源的开发和利用，以项目管理信息系统为落脚点，最终体现在工程项目管理的信息化方面，以提升项目绩效为最终目标。

项目管理信息系统利用计算机、网络通信等信息技术，实现项目管理中全资源的统一管理，并对这些信息进行加工，提供给管理人员，以辅助项目管理人员做出正确决策。

工程项目管理信息化的技术主要包括信息标准化、集成技术、数据库技术。这些技术主要依托电子平台实现开发，也就是通过智能化和信息化的研究方法来对工程项目的实施情况进行探讨。随着信息化体系和网络管理平台的不断推广，计算机技术在项目的工程质量、投资成本、项目进展等方面逐步实行网络化管理。在操作信息化平台时，需要材料管理、合同管理、招标报价、进度计划管理、专业设计等软件的配合。

2.3 智慧建造关键技术

2.3.1 建筑信息模型

国际标准化组织设施信息委员会（Facilities Information Council，FIC）对建筑信息模型的定义是，在开放的工业标准下对设施的物理和功能特性及其相关的项目全生命周期信息以可计算/可运算的形式表现，从而为决策提供支持，以更好地实现项目的价值，可以概括为在项目生命周期内生产和管理建筑数据的过程[69]。

BIM 技术克服了传统管理手段和工具下一些工作程序中无法根除的缺陷，为建设项目全生命周期各阶段、各参与方的信息交流、信息共享提供了关键性的技术平台[70]。图 2-4 表明了项目不同阶段和不同参与方在传统模式和应用 BIM 的理想模式下信息传递的状态。

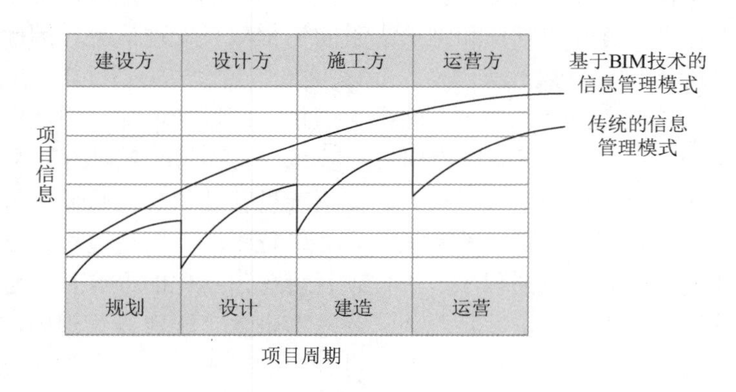

图 2-4 两种模型的信息传递对比

图 2-4 中，下方的锯齿线代表目前以二维图纸作为工程信息存储介质时信息沟通和传递的状态。项目前期，当业主将项目信息通过文档以及二维图纸的形式传递给设计方时，设计方接收的信息出现立时的损失，因为图纸和文档之间缺少内在的联系。同理，当设计完成开始施工时，同样的信息损失情况在设计方和施工方之间继续上演，竣工后交付运营方亦然。

曲线则是应用 BIM 技术后所希望达到的理想状态，BIM 技术的出现使得整个建筑项目生命周期内连续、无损的信息传递成为可能。

BIM 技术是一种多维度的建筑信息系统，该系统以数字化的方式对工程的各类信息予以表达。BIM 技术具有共享性、全过程参与及多种软件支撑的特点。在 BIM 系统中，某一项目的各类信息实现了共享，因此项目参与各方能实时获取相关信息，提高其协作能力和管理水平[71]。BIM 技术的应用贯穿项目的设计、施工及后期运营整个生命周期，对项目的各个阶段进行过程控制。

BIM 技术能应用于工程建设的各个阶段，包括方案设计、施工图设计、安装施工、检修维护以及成本控制等全过程。应用 BIM 技术对建筑工程进行信息化管理，可以提升生产效率、提高建筑质量、缩短施工工期、降低建造成本、方便检修维护，有利于建筑工程行业可持续发展。

1. BIM 技术在设计中的应用

1）可视化设计

设计师可以利用 BIM 技术建立三维设计模型，所以在 BIM 软件下绘制的构件在三维空间（X、Y、Z 方向）上具有相对独立的属性，设计师可以在计算机上进行三维可视化设计。同时构建的模型具有各自的属性，如柱子，点击属性可知柱子的位置、截面尺寸、钢筋数量、混凝土强度等级等[72]。

2）提供各个专业协同设计的数据共享平台

在 BIM 技术的支持下，各个专业可以协同工作，方便专业之间快速、及时、准确地进行资料交换，有效地提高设计速度和保证设计质量。三维的表达方式让不同专业之间的识图更加直观和容易，而在二维表达方式中，对于新人（如刚入职的给排水专业设计师），可能因读不懂结构专业图纸，而将管道的标高设置在梁高范围内，当在审图阶段发现时，有可能会导致所有管道的标高需要重新调整，修改的工作量巨大，从而延迟交付图纸的时间[73]。BIM 共享平台和三维表达方式能实现各个专业的有机合作，提高图纸质量。

3）提供设计阶段进行方案优化的基础

在 BIM 技术下进行设计，专业设计完成后则建立起工程各个构件的基本数据；导入专门的工程量计算软件，则可分析出拟建建筑的工程预算和经济指标，能够立即对建筑的技术、经济性进行优化设计，达到方案选择的合理性。

2. BIM 技术在施工中的应用

1）实现项目管理的优化

通过 BIM 技术建立施工阶段三维模型能够实现施工组织设计的优化。运用 BIM 技术，可以在建筑三维模型中进行施工总平面的布置，将原材料堆场、场内运输设备（包括塔吊的位置、台数、型号等）、场内临时道路、照明设施、排水管沟、道路、门卫、围墙以及车辆和人员进出通道等布置出来，方便施工技术人员确定平面布置是否合理，人流物流有无交叉，各设备有无碰撞等[74]。

2）项目成本的精细化和动态管理

用 BIM 技术建立的施工阶段 5D（三维 + 时间 + 费用）模型，通过算量软件，能够实现项目成本的精准分析。软件能准确计算出每个时间节点段、每道工序、每段工区的工程量，再套用企业定额进行成本核算，将各个阶段的中标价格和已经发生的施工成本进行比较，即可预测该阶段的经济效益，从而实现项目成本的精细化管理。同时可以类比分析相似工段在不同时期（如冬雨季）的成本和效益，实现成本的动态管理，方便工程技术人员对效益不佳时段的施工和管理方法进行改进，避免了在项目完成后无法知道项目盈利和亏损的原因和环节[75]。

3）实现大型构件的虚拟拼装，节约大量的施工成本

现代化的地标性建筑具有高、大、重、奇的特征，建筑的结构形式往往是钢结构与钢筋混凝土结构组成的混合结构，如上海中心大厦的外筒就有巨大的水平钢结构桁架。按照传统的施工方式，钢结构在加工厂焊接好后，应当进行预拼装，检查各个构件间的配合误差。在上海中心大厦建造阶段，施工方通过三维激光测量技术，建立了制作好的每一个钢桁架的三维尺寸数据模型，在电脑上建立钢桁架模型，模拟了构件的预拼装，取消了桁架的工厂预拼装过程，节约了大量的人力和费用。

4）优化装饰装修方案

建筑工程的装饰装修设计通常需要根据业主的需求进行二次设计。在二维状态下，设计单位除了要出具平面布置图和立面图外，还需要出具效果图。静态的效果图，缺乏动态模拟的效果，不具有对比观测的条件，在这种情况下往往靠设计师的经验来判断最终的效果图能否达到业主满意的效果。某些实力比较雄厚的装饰装修公司，为了让业主体会实际效果，一般会建造一些具有特点的装修完毕的样板间，让客户来体验。而客户很难对某一样板间所有的装饰装修效果完全满意，往往会提出一些修改意见和建议。如果再按业主的需求来重新装饰装修样板间，不仅需要时间来重新搭建，也需要投入新的装饰装修材料，并且效果还不一定能满足业主的要求。而在通过 BIM 技术建立的完全虚拟真实建筑空间的模型里，业主如果对某些地方不满意，建筑师只要动动手指和键盘，进行简单的置换，马上会呈现出不同的装饰装修效果，业主和建筑师能够在虚拟的房屋内漫游。

3. 方便检修和维护

BIM 技术包括建筑工程的设计、建造以及营运等全过程体系的生命周期，具有非常庞大的信息系统，包括建筑材料和设备资料等。建筑内材料的信息提取十分方便，因此方便了建筑工程使用过程中的检修和维护。例如，某个大厦在后期的使用过程中，当业主发现某处渗漏，不用管理人员来逐层分析调查，只要在大厦的建筑信息模型中查找位于渗漏地点附近的阀门，再通过实地验证，便可准确无误地找到渗漏原因。如果是阀门坏了，再根据 BIM 数据提供的阀门规格、制造商、零件编号或其他信息，及时有效

地对阀门进行维修或更换。

但仅有 BIM 技术的支持不足以使建筑业发生根本的改变，应将 BIM 技术应用到项目全生命周期管理中，关注整个建设项目全生命周期内的 BIM 应用价值，而不仅仅局限于设计阶段。BIM 技术产生的数字化设计信息在 BLM 中会发挥更大的作用，并以参数化的设计信息为基础，进行项目协同工作，提高建设工程管理水平。

因而，BIM 技术是 BLM 的技术核心，有力支撑着 BLM 理论的发展。

在传统建设项目全生命周期的管理过程中，生命周期各阶段之间、项目各参与方之间信息传递的效率低下，建筑业的行业结构几乎是完全割裂的，形成这种状况的关键原因之一就是缺少一个高效的信息交流平台，致使信息流失、无序流动、传递失误。零碎化的信息形成“信息孤岛”，无法整合共享，妨碍了工程建设及行业信息交流。

BIM 技术的出现使得工程信息化、数字化得以实现，上游阶段的信息可以及时、无损地传递到周边和下游阶段，而下游和周边的信息反馈后又对上游的工程活动做出控制。BIM 技术中参数化的模型及数据的统一性和关联性使得 BLM 项目的生命周期不同阶段内设计方、施工方、供应商、运营商之间的信息保持较高程度的透明性和可操作性，实现信息的共享和共同管理[76]。

实现工程建设信息化的基础是 BIM 技术，采用 BIM 技术创建参数化的信息模型，才能够得到全面的技术支持，BLM 理念才能真正在工程实践中应用。

2.3.2　大数据

大数据是通过对所有数据进行采集、存储、管理、分析，从而具有更强的决策力、洞察发现力和流程优化能力，帮助进行经营决策的数据集合（信息资产）。

大数据的定义比较抽象，需要指出的是：大数据并非一种新兴技术，它只是数字化时代出现的一种常态现象。大数据不只是简单的大量数据，也不是云计算的应用。大数据的应用是一个综合性的解决方案，是运用各种技术方式来满足数据资源在收集、存储、分析应用等方面的需求。对数据资源的所有分析和应用均属于大数据技术应用的范畴。

大数据是一个体量特别大、数据类别特别多的数据集，并且这样的数据集无法用传统软件工具对其内容进行抓取、管理和处理，同时在不同需求下，其要求的时间处理范围具有差异性。最重要的一点是，大数据的价值并非数据本身，而是由大数据所反映的“大决策”“大知识”“大问题”等。

随着信息化的深度发展和互联网大浪潮的影响，全球正在开启一个新的时代，即一个数据被大规模生产、应用和分享的时代——大数据时代。随着互联网的普及以及智慧设施的出现，伴随各种行为而出现的信息也在加速产生，通过云计算，这些信息都可以被采集、记录，成为可以分析的数据。

社交媒体、移动通信与商业服务等互联网平台可产生异常庞大的结构与非结构数据信息，而云计算可以经济、高效、及时保存、处理与计算这些复杂且多元的终端数据，让大数据运用到实际生活成为可能。

大数据时代的到来为人类提供了一个在众多领域获取并使用数据，深入发现其内在规律，从而得到全新知识的机会。大数据之所以可以成为一个时代，在很大程度上是因为这是一个社会运动，可以由社会各个领域广泛参与，渗透到不同方向，并且有所成就，而不仅限于少数专家学者的研究对象。大数据正在逐渐像铁路、公路、港口、水利、能源和通信网络一样，成为现代社会不可或缺的一部分。相比传统调研方法，即数据被动采集、采样密度低、数量有限、随机性不高、数据源较为孤立、耗时耗力，导致分析结果不能全面代表大众的意见，大数据的采集、处理和分析有了颠覆性的改变。因此，受大数据技术的影响，众多学科，如经济、医学、社会、建筑学等，都会发生质的进步[77]。

我国大数据领域正处于快速发展的时期，2015 年国务院将“加快政府数据开放共享，推动资源整合，提升治理能力”定为“促进大数据发展行动”的主要任务之一，提出国家发展的决策、管理和创新要以数据为依据；并进一步提出，“2017 年底前形成跨部门数据资源共享共用格局”“2018 年底前建成国家政府数据统一开放平台”“2020 年底前，逐步实现信用、交通、医疗、卫生、就业、社保、地理、文化、教育、科技、资源、农业、环境、安监、金融、质量、统计、气象、海洋、企业登记监管等民生保障服务相关领域的政府数据集向社会开放”。在应用基础设施方面，加快搭建物联网、互联网、云计算、大数据等公共支撑型应用平台，以建设智慧城市的安防系统，从而促进城市管理效率、提高企业经营效率、改善居民生活质量。截至 2018 年已规划了 300 多个智慧城市试运营城市。智慧城市已经成为城市建设的重点关注领域，而构建智慧城市这个与城市管理和服务相关的集成系统，大数据技术是不可或缺的技术手段。

目前，大数据技术在工程项目中的应用主要有 5 个方面。

1. 在施工技术中的应用

（1）模拟和指导施工过程。建筑工程施工是一个动态的过程，施工技术方案落实过程中需要产生大量的数据信息，工作人员要将实际工程度量尺寸、施工工序、环节等数据及时反馈给管理层，利用大数据技术，以相关数据为基础深度分析、模拟施工过程，可明确施工进度，保证下一步施工方案的有效安排和合理控制，从而有效指导整个施工过程。同时，大数据技术还能够及时收集当地气象部门发出的气候环境等不可控因素，保证提前做好施工安排。大数据技术能够对各项步骤可能发生的变形、损耗等进行模拟，保证工作人员提前选定技术方案。

（2）施工管理现代化。大数据技术能够模拟和指导施工过程，可以数字化管理工程造价、施工进度等，利用数据信息平台展开高效的管理工作。利用大数据技术能够合理收集分类数据信息，通过一些符合正常施工情况的数据，考察不符合正常情况的数据，减少人为因素导致的工期拖延、成本浪费等不良现象，实现了施工管理现代化、信息化。

（3）优化施工技术。建筑工程桩基施工、混凝土浇筑、钢筋施工等多项工序都可以积极利用大数据技术进行改进优化。首先，将大数据技术应用于桩基施工中，可以明确施工区域地基的实际情况，保证技术人员及时掌握施工区域气候、环境、水文地质等因素，利用大数据技术处理纷繁的数据信息，对地基情况进行模拟，对桩基承受压力荷载等情况进行客观的分析，有助于减少具体桩基施工中的不足。其次，在混凝土浇筑方面，可以利用大数据技术对混凝土比例进行合理科学的调整，做好分层、分面、分段等浇筑技术的合理选择，对当前气候下浇筑面的变形程度进行模拟。最后，将大数据技术应用于钢筋施工中，可以将钢筋设计不合理数据快速排除，就钢筋设计数据信息进行深度挖掘，将钢筋布置的合理性提高，降低钢筋设计失误问题。

（4）节能技术。一方面，利用大数据技术可以优化选址，选择建筑工程最佳建设位置，还可以优化建筑布局，提高建筑对自然能源的利用率。大数据技术统计了当地的气候环境特点，以此为基础，可以优化设计方案，减少室内设备使用率，提高风能、太阳能等自然能源利用率。另一方面，大数据技术能够实现建筑能源管理，从建筑内在因素、外在因素、人员因素等多方面分析建筑物能源消耗情况，从而保证技术人员采取合理的节能办法。

（5）提高建筑工程技术信息化管理水平。智慧工地是未来建筑行业发展的趋势之一，所谓智慧工地，是以大数据技术、绿色施工技术、物联网技术等为基础构建的互联互通、智能化系统，能够实时收集、上传施工数据，保证技术人员第一时间对工程信息数据进行分析，预测未来施工技术落实情况，从而针对性地开展管理工作，实现系统化、集成化管理资料。

2. 利用大数据建立安全档案

在建筑工程建设中需要安全观察员、人工智能（artificial intelligence，AI）识别、安全常识 Wi-Fi 密码答题等评价个人安全知识储备情况，如果经过评价后工作人员比限定分值低，那么系统可以锁死门禁，此时工作人员需要停工培训达到合格标准后方可进入施工场地。通过这种方式能够避免安全技术不达标人员进入施工现场。利用大数据技术，还可以自动转换未被扣除的安全积分，用于超市等场所消费，通过这种方式有助于激励工作人员及时提高自身安全技术水平。

3. 对机械进行智慧化管理

现代建筑行业逐渐朝着机械化方向发展，将大数据技术应用于机械设备管控能够提高机械设备的运行效率，保证各项施工作业顺利开展。工作人员可以将重量传感器、高度传感器、角度传感器等装置安装于施工机械关键位置，从而动态监控机械设备运行全过程，做好关键零件信息收集整理，利用 BIM 技术构建三维立体模型能够模拟机械设备作业过程，并且用不同颜色将机械设备当前状态标注出来。智能控制系统可以直接警示工作人员，明确机械设备零部件是否需要保养、更换，是否存在过载使用等不良问题，通过这种方式有助于减少设备损坏失灵等造成的安全事故问题。同时，还可以积极利用异常信息微端分析辨识关键部位运行信息，如果信息异常，那么系统可以报警或者利用物联网技术采取制动等措施及时消除设备运行隐患。智能控制设备信息远程传输系统可以利用无线信息传输技术向云端上传监控信息，形成的监控报告具有连续性特点。

4. 对施工现场材料进行智慧化管理

利用大数据技术构建材料采购平台、仓储管理系统平台可以智慧化管理建筑工程项目所用材料。例如，综合应用 BIM 技术和交互式顺序目标规划算法（interactive sequential goal programming，ISGP）可以对施工现场、建筑物内外空闲空间进行深入分析，将材料临时存储最佳方案确定出来，并且以此为基础做好施工现场空间合理利用，做好材料出入库信息详细记录，对材料采购情况进行合理预测。材料管理人员可以随时登录系统检查库存材料情况，对材料库存数据的真实性和可靠性进行研究。同时，施工企业采购部门应当对施工材料市场价格、变动信息提高关注度，及时更新系统，为施工部门申请材料入库提供便捷，同时有助于高效比较材料价格，使人工审核工作量大大减少[78]。

5. 对施工现场环境进行智慧化管理

当前，在建筑施工环境管理中，大数据技术、智能技术、互联网 + 技术都发挥了重要使用，这对优化施工现场环境、推动建筑行业朝着绿色环保化方向发展意义重大。例如在建筑施工的粉尘和噪声监控中，可以充分利用传感器、数据挖掘、数据统计分析、云计算等先进技术，综合评估施工环境污染风险。系统可以自动计算检测到的噪声分贝值和粉尘浓度，同时分析检测数据，对比标准值。利用大数据中的 ECharts 技术、Tableau 软件或 QlikView 软件等能够将数据中的隐含信息快速挖掘出来，并直接生成直观图形，将信息重要特征凸显出来，管理人员可以高效检测施工环境各项指标。

2.3.3 云计算

如果将各种大数据的应用比作一辆辆“汽车”，支撑起这些“汽车”运行的“高速公路”就是云计算。正是云计算技术在数据存储、管理与分析等方面的支撑，才使得大数据有用武之地。

云计算是一种信息存储形式。云的本质就是网络，从一方面讲，云计算是一个可以存储数据的网络，用户在使用它时可以随时在云上调用数据，根据用户所需的量去调用，而且从某种层面上来说这个存储量是无限的；从另一方面来讲，云计算把计算数据整合起来，形成资源共享池，也就是云，再用软件进行全自动管控，无须很多人参与，便可快速交付数据。云计算技术是当代信息社会的一个大革新，云计算具备扩展功能，可为使用者带来全新感受，云计算的中心是将不同计算机数据整合。所以，云计算技术可以让使用者获取到无限数据，同时不受时间、地点的约束。

目前，业界对云计算并没有统一、明确的定义，但是有几种对云计算的表述被广泛认可。维基百科认为：云计算是一种基于互联网的计算方式，以一种类似电网的方式，通过软硬件资源和信息的共享，为计算机或其他设备提供按需供给。Google 对云计算的表述为：以互联网为中心，以公开的标准和服务为基础，提供便捷、快速、安全的网络计算服务和数据存储服务。IBM 对云计算的表述为：云计算是一种新的信息技术（IT）资源供给模式，通过虚拟化的计算机资源池，为用户提供计算服务。

美国国家标准与技术研究院对云计算的定义进行了描述：云计算是一种能够通过网络，通过按需、便利的方式获取网络、服务、存储、应用和技术这些整合后的共享计算资源，并能提高可用性的一种模式，自动通过一个可配置的、共享的资源池来获取这些资源，并且可以以最少的服务或管理成本自主提供方式获取和分享。

通过对上述几种被广泛认可的云计算表述进行分析，可将云计算理解为以虚拟化技术为基础，基于互联网技术，将众多分布式软硬件资源管理起来，并实现资源的统一管理和协同工作[79]。

云计算具有以下 4 个优势。

（1）按需自服务：当需要的时候，消费者能够单方面自主提供诸如网络存储和服务器时间之类的计算能力，这样就不需要与每个服务提供商进行人工交互。

（2）资源池：将服务提供者的计算资源进行池化，把各方资源都汇集到一个资源池中，通过多租户模型将资源提供给多个消费者进行获取。资源有独立的位置，消费者通常不能对资源进行控制，也无法得知资源的具体位置，但是可以指定一些高度概括的位置（如洲、国家或者数据中心）。在资源池中，根据用户的需求对不同的物理资源或虚拟资源进行动态分配。

（3）快速弹性：在某些情况下，资源能够弹性地准备并且释放，还能够根据需求快速释放或者回收。消费者可以针对自身需求在任意时间以任意数目购买。

（4）可计量服务：云平台系统通过某种适用于服务类型的抽象化计量功能，实现自动化控制和优化资源使用（如存储、处理能力、带宽和活动用户账户）。资源使用情况能够被监控、控制和描述，为供应商和消费者双向提供透明化的服务总览。

云计算系统的体系结构包括：应用层、平台层、基础设施层，集合了各种服务模块，其体系结构如图 2-5 所示。

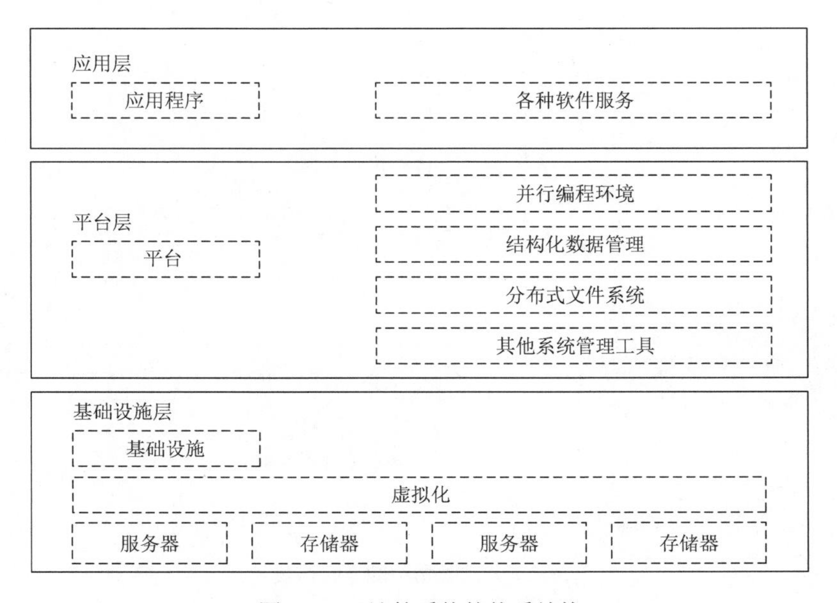

图 2-5　云计算系统的体系结构

2.3.4　物联网

物联网（internet of things，IoT）被看作信息领域一次重大的发展和变革机遇。欧盟委员会认为，物联网的发展应用将在未来 5～15 年为解决现代社会问题做出极大贡献。

2009 年以来，一些发达国家纷纷出台物联网发展计划，进行相关技术和产业的前瞻布局，我国也将物联网作为战略性的新兴产业予以重点关注和推进。

物联网的基本思想出现于 20 世纪 90 年代末。物联网的概念最初来源于美国麻省理工学院（Massachusetts Institute of Technology，MIT）在 1999 年建立的自动识别中心（Auto-ID Labs）提出的网络无线射频识别系统——把所有物品通过射频识别等信息传感设备与互联网连接起来，实现智能化识别和管理。早期的物联网是以物流系统为背景提出的，以射频识别技术作为条码识别的替代品，实现对物流系统进行智能化管理。随着技术和应用的发展，物联网的内涵已发生了较大变化。

2005 年，国际电信联盟（International Telecommunication Union，ITU）在突尼斯举行的信息社会世界峰会（World Summit on the Information Society，WSIS）上正式确定了物联网的概念，并随后发布了 *ITU Internet Reports 2005 ——the Internet of Things*，介绍了物联网的特征、相关的技术、面临的挑战和未来的市场机遇。ITU 在报告中指出，我们正站在一个新的通信时代的边缘，信息与通信技术（information and communications technology，ICT）的目标已经从满足人与人之间的沟通，发展到实现人与物、物与物之间的连接，无所不在的物联网通信时代正在来临。物联网使我们在信息与通信技术的世界里获得一个新的沟通维度（图 2-6），将任何时间、任何地点连接任何人，扩展到连接任何物品，万物的连接就形成了物联网。

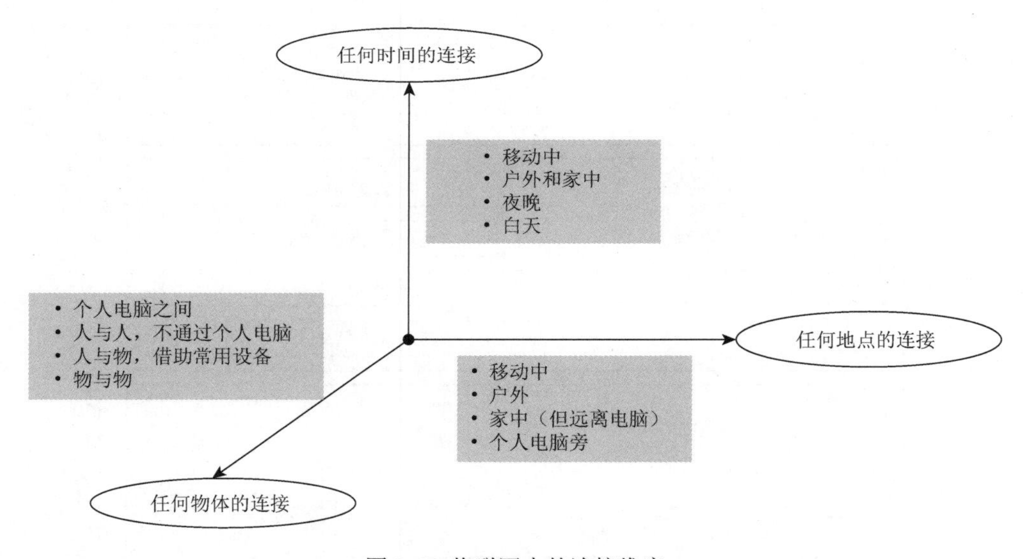

图 2-6　物联网中的连接维度

狭义上的物联网指连接物品与物品的网络，实现物品的智能化识别和管理；广义上的物联网则可以看作是信息空间与物理空间的融合，一切事物数字化、网络化，在物品之间、物品与人之间、人与现实环境之间实现高效信息交互，并通过新的服务模式使各种信息技术融入社会行为，是信息化在人类社会综合应用达到的更高境界。

从通信对象和过程来看，物联网的核心是物与物以及人与物之间的信息交互。物联网的基本特征可概括为全面感知、可靠传送和智能处理。全面感知，利用射频识别、二维码、传感器等感知、捕获、测量技术随时随地对物体进行信息采集、获取及可靠传送。通过将物体接入信息网络，依托各种通信网络，随时随地进行可靠的信息交互和共享智能处理。利用各种智能计算技术，对海量的感知数据和信息进行分析并处理，实现智能化的决策和控制。

1. *物联网在建筑工程项目中的广泛应用*

1）成本控制

（1）实现对材料费用的精确控制。建筑工程项目实施过程中需要投入大量的物资材料，物资材料在采购、存储以及运输等环节所花费用在建筑工程成本中占据极大比例，利用物联网技术能够对建筑工程物资材料费用实施精确管理，从而有效降低工作落实过程中所消耗的成本。RFID可以借助无线射频方式读写电子标签，达到识别目标和数据交换的目的，物联网环境下，借助RFID技术可以为建筑工程项目所涉物资材料贴上电子标签，实现对物资材料的智能化识别、定位、跟踪、监控和管理，有助于企业及时掌握建筑工程项目物资材料的使用情况、库存情况以及需求状态等，便于企业制定科学合理的物资材料采购决策，即根据建筑工程物资材料实时需求信息，适时采购材料进场，有效降低物资材料的仓储成本。另外，物联网技术的应用使得采购更趋信息化，物资材料需求方在企业信息系统中录入电子采购订单，大大缩短了物资材料供需双方间信息交流所耗时间。

（2）实现机械设备的预测性维护。建筑工程项目实施过程中需要使用一定的机械设备，设备故障维修需要大量费用，同时也会因发生停机事件导致工期拖延，进而增加建筑工程成本。相比较设备出现故障之后再进行维修所消耗的费用而言，在设备未出现故障前进行合理维护所消耗的费用相对较低，而且能够有效避免因设备故障所导致的工期拖延问题。在物联网环境下，为机械设备配备传感器，传感器能够借助温度波动、过度震动等指标了解设备性能，以确定是否需要对机械设备进行检查，并通过物联网系统向维护人员的计算机、平板电脑、智能手机发出提醒，以便于机械设备维护人员在发生重大故障之前及时发现并解决问题。

（3）提升数据的及时性及准确性，保障成本核算的顺利开展。建筑工程项目本身复杂程度较高，在实施过程中需要多部门和多工种密切配合，涉及内容和工序众多，且难以保障项目严格按照既定目标和流程组织实施，对建筑工程项目实施所产生的直接和间接成本进行全面核算的难度较大。而随着物联网技术的应用，在建筑工程项目实施过程中，物联网能够对相应活动所产生的资源消耗数据进行汇总，并将所产生的所有费用按照对应会计科目进行记录，建立对应的成本账簿，然后将所有信息传输至企业成本会计信息系统中存储。负责成本核算的部门通过查询系统即可对整个流程的所有作业内容进行确定，及时获取与建筑工程项目相关的准确成本数据，保障成本核算的高效开展。

（4）推动业财一体化深入开展。物联网能够充分利用各类先进技术及设备开展信息收集整理及交换。在将物联网技术应用于成本控制中后，相应数据能够在经过整理后传输至成本管控系统之中。会计人员则对系统生成的费用进行审查，建立具体的建筑工程成本数据信息表，并将相应信息存储于数据库中。管理者能够利用系统生成的成本费用表对建筑工程项目各环节进行管控，从而更为准确地制定行为策略，有效开展各项管理活动。在物联网技术支持下，企业管理人员能够对管理流程、财务会计流程及业务流程进行协调统一，建立基于业务事件驱动的财务一体化信息处理流程，推动业财一体化深入开展。

2）材料管理

物联网技术能将各种物联网设备联系起来，使设备管理更加高效，从而利用设备管理优势辅助材料管理，既可及时收集工程项目实施中的各种环境状态信息，又可促进材料管理效率和科学规范化水平的提升[80]。

（1）材料运输验收。目前，物联网技术的应用较广泛，尤其是在整个供应链管理及装配和生产制造等环节的应用。而这主要得益于物联网技术中应用了射频识别技术，能对信息进行快速、实时而又准确的处理，能有效节省劳动力成本。材料管理中的应用主要是在材料中植入射频芯片，贴上射频标签，使材料的来源具有唯一性，同时在电子标签中设置完善的材料生产信息，从而掌握材料的相关注意事项，不仅材料来源明确，而且能避免在运输时发生材料被更换的情况，避免出现以次充好等问题。在进行见证取样时，还能采用射频电子标签阅读器快速获取材料信息，通过物联网能实时监控和跟踪，从而对检测报告进行实时跟踪，并进行物体信息的识别、采集与处理，将信息采取加密的方式传输到项目部，从而为材料运输验收提供支持。

（2）材料存储保管。材料存储保管过程中，因为材料上设置了射频标签，便可利用手持射频标签阅读器对材料信息进行搜集，从而可及时汇总和整理材料的性能、类型与规格，并将其与材料领用表对比，及时掌握材料规格和数量存在的差异，实时监控材料库存量，预防因材料短缺而发生误工和停工，确保材料成本得到控制。在施工现场，还要做好自动信息阅读器的安装，当材料被非法处理时，从阅读器经过的材料就能检测到射频标签，从而达到自动报警的效果，使材料存储更安全。

（3）材料使用管理。在材料使用环节，为减少材料消耗，确保材料管理水平得到有效提升，还要在施工现场切实利用物联网技术做好物料跟踪。尤其是构件化施工材料，在施工现场将射频标签与BIM基础数据库结合，在物料使用环节建立可追溯机制与责任机制，使物料使用得到控制，在降低成本的同时，满足施工现场需要。

3）安全管理

（1）实现建筑工程安全的智能化管理。物联网技术的应用能够将隔离开来的决策管理者和建筑工程一线施工人员关系拉近，使建筑工程一线施工工作人员的具体施工工作展现在管理层的视野范围内，决策管理者能够具体了解现场施工即时情况、设备使用情况、施工工作实际情况，并对各项环节实施监控管理，实现对建筑工程安全的智能化管理，减少人力投入，为企业省去不必要的资源投入，保证建筑工程企业施工安全和施工质量。

（2）保障一线施工人员的人身财产安全。物联网技术应用于建筑工程安全管理后，决策管理者可以利用物联网技术中的三大重要技术对施工现场状况进行具体监控，并就得出的数据对施工状况进行改善。例如，决策管理者通过遥感技术监控施工现场，避免施工人员误入险地，降低施工危险程度；同时通过互联网技术，可以采集到施工现场的具体施工数据，进行分析后做出一系列保证施工质量和相关工作人员人身安全的决策。

（3）促进资源合理分配，扩大企业利益。以长远的发展眼光看，物联网技术可将企业的各项资源信息整合起来进行合理化分配，保证企业决策管理者了解施工技术设备更新换代的实际需求和现有状况。有了更加完善的施工技术和施工设备，施工人员的施工阻力就会大幅度降低，从而可以做到降低工作难度、保证自身安全、扩大企业利益。

2. BIM技术与物联网技术相结合作用

将BIM技术与物联网技术相结合，并在工程项目中应用可以发挥更大的作用。BIM技术围绕建筑物数字化信息建立的“三维虚拟现实模型”应用贯穿建筑项目工程整个生命周期，其可展开模拟计算、碰撞检测、管线综合、智能建筑管控等相关应用，完成各参与方信息交换、协同设计、现场管理，并关系建筑物的后期运维，因此BIM的应用是一个动态连续的过程。在这个过程中，实时采集、感知、监督、控制建筑工程“环境以及状态信息的变化”是一个极为重要的基础环节。现行“人工测量＋报表化管理”的模式实时性、可移动性、关联性、预判性较差，反馈过程迟缓，这一短板限制了BIM应用效果发挥，这与建立BIM的初衷是背离的。

物联网技术的兴起为解决上述问题提供了良好的技术实现途径。借助物联网手段中定位装置、视频前端、智能传感器、二维码、RFID标签等感知层设施，可以实时化、不间断地采集、感知、监督、控制建筑“环境以及状态信息的变化”。相关参数通过移动网络汇集至数据库系统中，能够形成连续、可追溯的动态监测记录，这些参数和记录将为静态的BIM模型提供实时化的数据更新，犹如赋予了模型生命。把物和人以及BIM模型展开合理连接，将各种分散、孤立现场数据展示在建筑三维虚拟现实模型中，进而观察、分析其影响，解算、评估其关联，甚至实现对特定方案调整的辅助决策。因此，将物联网以及BIM技术相结合，能够将虚拟和现实、数据和实体间的接口打通，完成合理现场操作和管理行为。总体上看，BIM技术是未来建筑工程管理技术的基础，而物联网技术是重要的支撑手段，两者结合将衍生出丰富的应用价值和模式。

3. 物联网与BIM融合的价值和应用

1）施工现场的管理

（1）安全管理。针对施工现场的安全隐患，可借助RFID、定位技术展开辅助管理，且把检测后反馈的数据和BIM技术数据结合起来，一起汇总至BIM监控平台上，直观地展现出预警信息，这样即可实现对施工现场的统一化监管。

① 对人员位置的管理。在施工现场的重要区域安装RFID读取装置，对现场的施工人员标识牌以及安全帽展开识别，完成施工现场中重要区域管理、跟踪、定位，发现问题时立即采取措施，防止出现事故。

② 监控重要的资产区域。施工现场设施较多，且施工人员出入频繁、人员流动大，

经常会发生盗窃事件，可采取在部分重要施工材料、设施以及设备上贴 RFID 标签，定位装置自动识别，在视频的前端设施展开在线监管等相关措施。一旦以上物品不在监控范围内，系统能够自行定位并进行预警。

（2）质量和进度管理。

① 监控施工现场的进度。借助项目前端的设备展开远程管理，结合 BIM 基础数据中物料和构件实施施工进度远程调度与指挥。另外，进行视频监管后，现场劳动力配置以及职工考勤情况可随时清晰展示。对于项目施工期间核心区域以及环节，设备安装、施工人员的操作是否规范等，还能够借助前端视频监控手段对施工全过程展开记录，且和 BIM 基础数据构建相结合，对施工点、时间、人员展开问题回溯以及查询，完成质量的监督以及检查。

② 物料跟踪。至于部分构件化施工的物料，能够借助二维码或是 RFID 标签与 BIM 技术数据结合，对盘点、领料、入场、运送物料等流程展开监管与跟踪。这相当于对施工物料制定出合理的质量责任制度以及可追溯制度，物料能够完成按需生产以及降低仓储的成本，同时防止施工构建的订单出现延误。

2）资产管理和日常维护

BIM 技术自身在设施、设备以及建筑日常的维护方面，能够直观地映射出其维护维修内容、施工工艺、设计参数、位置、成分等信息。BIM 技术与物联网相结合，能够在设备以及设施现场给每个设备分配出一个特定的二维码或是 RFID 标签。在展开定位查看和运行维修期间，运用智能终端设备获取现场设备和设施相应的 BIM 数据以及电子标签实施数据交换，还能够查询设备运营信息、状态、属性，进一步合理地提出维护方法，防止维修不足或是过度维修，降低维修成本，提高维修的质量。

3）应急管理

BIM 技术最大的优势为三维可视化，在 BIM 应急管理的基础上增加救援能力和对突发事件的响应能力，给应急处理带来清晰且明确的信息。在物联网技术以及 BIM 技术上构建应急管理平台，借助二维码或是 RFID 标签展开定位查询，可节省大量图纸工作以及重复找图。在这个平台的基础上，运维者能够查询设备详细的情况，定位出故障设备相关联的信息，进一步给应急指挥带来决策帮助。

2.3.5 无人机技术

建筑行业作为国家的支柱产业，经济贡献较大，建筑施工管理方式也不断进步。智慧城市概念的提出，使得对城市建筑规划设计的要求更加严格，但由于建筑行业的复杂性，规划、协调、沟通方面存在严重的问题，导致建筑工程作业效率低下，亟待创新管理方式。近年来，更多先进的科学技术被引进建筑行业，助推了建筑业的发展，其中无人机产业不断发展壮大，对无人机系统定位技术的开发和研制已逐渐趋于成熟和稳定，无人机摄影精度也越来越高。

传统的工程计划无法对工程进度进行精确表达，不利于在实际工程中做跟踪检查，当发生工程变更或施工环境改变时，往往无法做出实时应变处理。一旦缺少准确的施工总体目标，实际工程进度将无法进行精确管控，产生人力和资源分配不均等问题，导致施工资源浪费、工期延宕且管理效率低下。基于高机动性、低空飞行以及低成本的优点，无人机在建筑工程领域能以更直观、可视化及自动化的方式来辅助建筑工程管理，对于提高工程管理效率、节省劳动力及提升工程质量，具有巨大的应用潜力[81]。

无人机搭载高清摄像镜头与实时动态（real-time kinematic，RTK）高精度定位功能，可以捕捉建筑工地上的关键信息和数据，将收集的数据反馈给专业的工作人员，对这些数据进行内业处理和现场分析。通过这种方式可实现对施工现场的自动化管理，利用无人机技术解决和发现施工现场的问题，促使工程项目建设能够得到高效管理，降低项目施工管理成本，减少安全事故发生[82]。无人机技术作业流程图如图 2-7 所示。

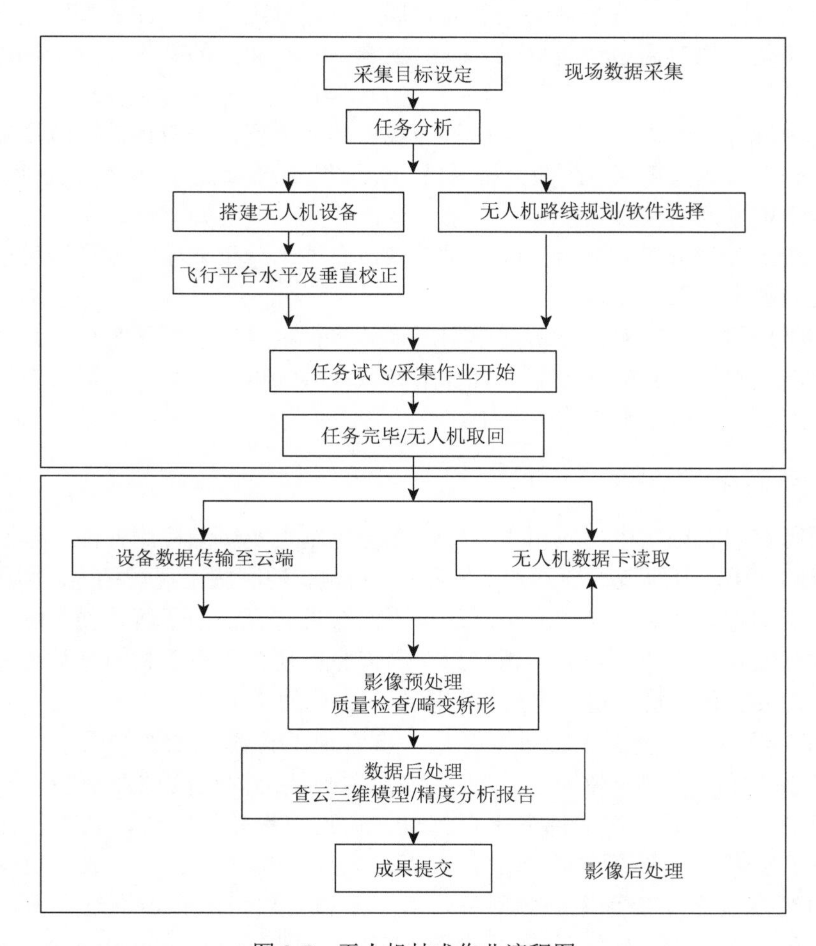

图 2-7 无人机技术作业流程图

利用无人机倾斜摄影技术对工程现场进行实时信息采集和数据留存，并通过建立三维实景模型，以直观的方式展示不同时间点的进度、质量与周边地理信息，不仅能让管理人员实时了解现场状况，更有助于对突发事件或者进度落后的项目做出及时且准确的处理，其主要应用在以下 3 个方面。

1. 倾斜摄影与建筑规划设计

倾斜摄影在建筑规划设计中的应用主要为空间分析及规划审批方面，其为智慧城市的建设提供了更加快速、科学、真实的数据。一个城市需要有自己的特色，一个城市规划有多个方案设计，倾斜摄影技术可将设计方案加载至三维模型中，通过对比各个方案的优缺点及特色，辅助决策不同设计方案与目前城市规划的匹配度，达到优选方案的目的。同时根据整体城市规划目标，调整建筑群指标完成规划审批。

对于建筑规划设计，基本倾斜摄影模型的高真实性和规划相关分析的准确度大大提高了，主要应用表现在以下 4 个方面。

（1）日照时间分析。三维辅助规划加载规划设计日照方案，评审整体方案的可行性及准确性，量化模拟对周边建筑日照时长的影响，对楼间距的基本规划指标进行定量分析和计算。

（2）可视域分析。以某一个特定点作为视点具体位置，分析该点视域覆盖范围，用不同颜色区分可视域与盲区，此项分析多应用于安装摄像设备分析（绿色区域为可见区，红色区域为不可见区）。

（3）城市天际线分析。城市天际线对于城市布局十分重要，三维模型可以查看区域内建筑高度及超出限高的建筑群。

（4）模型压平、方案对比分析。模型压平可将指定建筑模型压平，一方面可以模拟拆迁后的状况，对比多套拆迁方案，合理指导城市拆迁施工；另一方面，放置不同设计好的模型，实现规划后效果浏览、对比。

2. 倾斜摄影与建筑施工

倾斜摄影在建筑施工中的应用主要体现在绿色施工及质量检测方面。倾斜摄影可应用于环境监测，通过对建筑现场 $PM_{2.5}$ 指标进行检测，控制施工现场扬尘。利用无人机在低空实拍现场图像，有利于技术人员对现场平面布置有直观的了解，便于施工管理；也可对人员进行监控，避免施工人员消极怠工的现象；还便于查看材料堆放位置，防止局部载荷过重，为工作人员营造一个积极、安全、绿色的施工区。

通过对三维数据模型的表面进行开挖，查看地下管线等设施的状态，实现地上地下一体化检测。利用三维数据模型能直观观察室外地沟附近的地形地貌，同时计算沟底与地面高程差，查看已挖的部分是否到位。通过高程差值对比，查看已挖的部位地形起伏变化，分析是否需要二次作业。放管时，通过透视分析，生成管道及地面高程剖面图，直观观察已安装管道的倾斜度，对于不符合要求的管道进行调整。管沟回填时，任何点位都带有坐标及高程，可画出数字高程模型（digital elevation model，DEM），计算回填土方[83]。

3. 倾斜摄影与建筑竣工验收

倾斜摄影在建筑竣工验收中主要应用于竣工地形图测绘方面，采用无人机低空倾斜摄影技术可以快速获取项目区域地表基础。首先采用基础测量按规定间距布设像控点，然后根据设计航线进行全区域飞行，获取基础影像图片，最后内部作业实现影像匹配、像控测量、空中三角测量、数字高程模型与正射影像图自动生成，即可快速生成 1∶500 大比例尺地形图，且精度可达到 1cm，便于后期建筑工程竣工测绘。

倾斜摄影三维模型可提供建筑竣工后相关地物的相对位置、高度、层数、一层地坪高及与周边建筑物的关系，可以输出配套设施及绿地面积。输出的数字线划地图（digital line graphic，DLG）便于竣工测绘时核准建筑物之间的间距、与用地界线的距离相对于设计的差值，通过模型侧面纹理信息可核实建筑立面造型、外墙材料及颜色信息。

无人机技术已经较为广泛地应用在工程项目中，和其他现代技术协作，发挥了更大的功能，促使工程项目更快更好地完成。

2.3.6　人工智能技术

人工智能（artificial intelligence，AI）是通过机器模拟人类智能的技术，主要目标是通过机器来获取和运用知识，涵盖了计算机科学、控制仿生学等多种学科，研究领域包括机器学习、计算机视觉、智能感知与推理等，在图像识别、智能控制、自动规划、语言处理、信息检索等领域有广泛的应用。其中，机器学习、计算机视觉是两大核心。机器学习（machine learning，ML）包括神经网络、深度学习、其他机器学习等技术，能够让人工智能系统在无人干预或有人帮助的情况下自动学习，从中积累经验并改进算法。计算机视觉包括物体识别（字符、人体、物体）、属性识别（形状、方位）、行为识别（移动、动作），通过训练样本提取特征来训练系统，利用知识库缩小样本搜索空间，然后提取输入图像特征与训练样本进行比较，最终得到分类结果。

2016 年麦肯锡全球研究院的报告《想象建筑业数字化的未来》显示，当前建筑业生产水平基本与 80 年前持平，1960 年至今还出现了轻微的下降，而同期农业与制造业的水平已经有 10～15 倍的增长。究其原因，除生产技术本身外，建筑工程项目管理水平长期止步不前也是重要的原因之一。建筑工程项目管理还存在 4 个方面的问题。

（1）难以进行全局最优的资源配置。用计算机软件辅助人力的传统方式，已经很难在现代建设项目中做出全局最优的资源配置，建设项目中资源利用低效、配置错位、过剩或不足的现象非常普遍，严重影响了项目管理的水平。

（2）难以做出合理、及时的管理决策。当前，建筑工程项目管理者只能做被动响应式的管理，很难做到主动预测式的管理，这样很容易做出低质量甚至错误的决策，影响工程项目整体的管理水平。

（3）难以达成实时精准的管理控制。传统的建筑工程项目管理很难实现像制造业那样的精准管理，大多数都采取粗放型的管理方法，容易出现生产资料的浪费，也容易导致安全事故、环境污染事故的发生。

（4）缺乏满足管理要求的人力资源。参与建筑工程项目管理的人力资源严重缺乏是困扰多数项目管理团队的难题。很多项目管理团队都面临一人多岗、超负荷作业的局面，严重制约项目管理水平的提升。

从以上 4 个方面的问题可知，加强建筑工程项目管理创新势在必行。

1. AI在建筑工程项目管理中的优势

项目管理从本质上说，是在限定条件下，用有限的生产资源来实现最优的生产目标。而对于建设工程项目管理而言，大多数是户外作业，外界环境复杂，不可控因素多，同时涉及业主方、设计院、建设方、供应商、监理单位等多个相关方，信息量巨大，导致资源分配难、合理决策难、精准管控难。AI最大的特点是能够处理海量数据，并做出智能化的决策，其在建筑工程项目管理中有巨大的使用空间。AI与建筑工程项目管理相结合，主要优势体现在以下三个方面。

（1）可以提高决策的水平。在传统的建筑工程项目管理中，很多管理节点都要靠个人依据少量的信息来做出决策，而AI则可以根据项目整体的数据，甚至其他项目的历史数据，来做出最优决策。

（2）可以提高管理的精度。建筑工程项目中的材料、劳务等的现场管理，多是靠人力来进行统计监管，容易出现遗漏，而在AI环境下，可以实现自动化的监管，管理精度将得到大幅提升。

（3）可以提高管理效率。AI的图像识别、语音识别、数据处理等能力是传统人工所无法匹敌的，在AI的帮助下，一个管理人员可能替代当前几个甚至几十个管理人员，管理效率会大幅提高，也解决了人力资源不足的问题。

（4）可以减少管理的失误。借助AI的深度算法和实时在线，可以解决人为数据处理的失误和不透明问题，减少人为误差和信息偏差。同时，AI系统也可以实现对项目的实时监控和主动预警，有效地减少管理中可能出现的失误。

2. AI技术在工程项目中的应用

1）基于智能决策的工程项目大脑

基于智能决策的工程项目大脑是实现工程项目智能化管理的“神经中枢”，它以数据流动自动化，化解复杂系统的不确定性，实现工程项目资源优化配置，支撑工程项目的智能决策与服务。具体而言，它通过部署物联网设备和现场作业各类应用系统实现对项目生产对象全过程、全要素、全参与方的感知与识别；它通过数据、算法和算力赋能，可以描述项目发生了什么，诊断为什么会发生，预测将会发生什么，决策应该怎么办；它以优化资源、优化配置效率为目的，提供模拟推演、智能调度、风险防控、预测性服务、智能决策等智能化服务。

2）基于数据驱动的智能调度

通过云端的工程项目大脑能够推演出最优化的施工方案和生产计划，并智能调度工厂生产和施工现场的人员、机械、设备进行高效作业。将建造方案、工艺、工法标准、建造条件等数据输入工程项目大脑，依据这些数据将会智能生成工程项目建造方案。依据生成的工序级任务排程实现向生产工厂下达生产任务，对物流配送、资源调度、生产指导实时进行智能调配，通过对各资源组织的实时感知，持续优化，具体见图2-8。

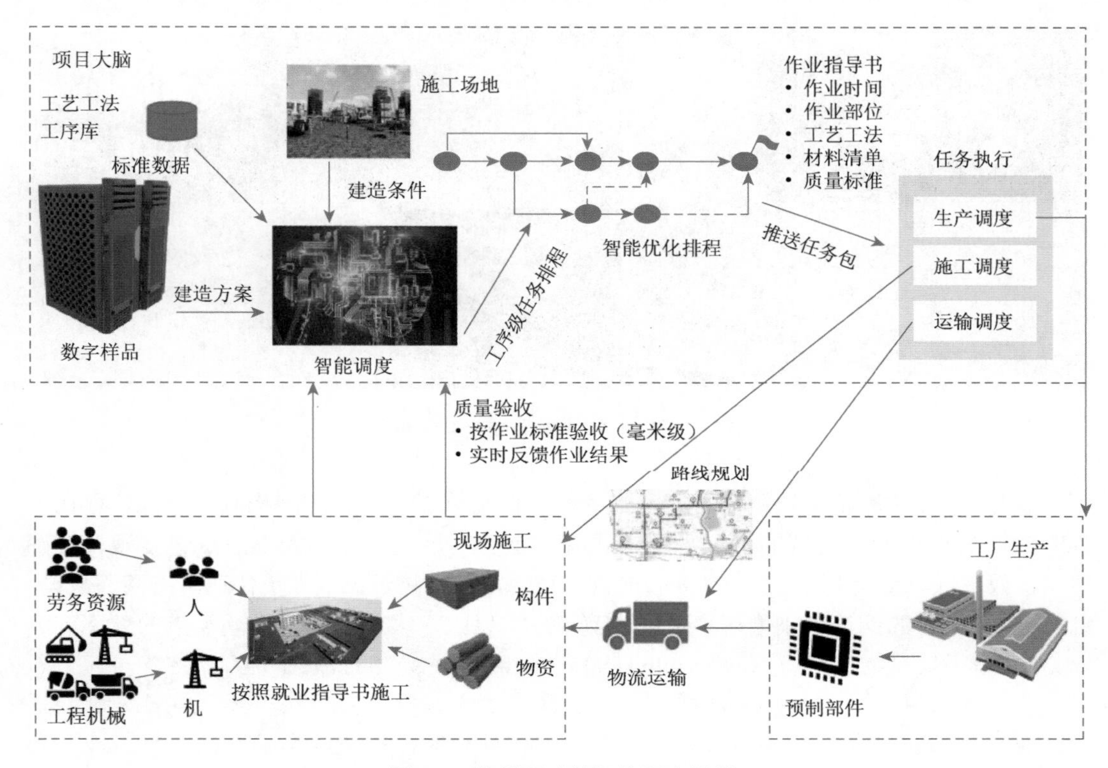

图 2-8　数据驱动的智能调度场景

3）基于 AI 的工程项目大脑

基于AI的工程项目大脑的风险智能防控通过对现场各要素的动态感知和工程项目大脑进行深度学习，对现场数据进行模拟仿真、状态描述、决策分析、预测性预警和指导性预控，让工程项目现场更加安全、规范、高效、智能。

以工地现场的安全风险识别为例，通过摄像头实时监测人员体征和姿态、机械设备的运行状态和轨迹等作业行为数据，动态采集场地环境数据，通过工程项目大脑的云端算法和安全知识图谱，对安全风险自动识别，预判可能的风险隐患，并及时采取措施进行防控，杜绝安全事故的发生。

4）基于 AI 算法的风险智能识别

通过基于 AI 算法的风险智能识别系统，工程项目大脑对建筑工程项目建设全过程中产生的图像、文字、语音、视频等音像资料进行分析和诊断，为工程项目提供实时反馈和决策建议，提高项目管理水平。例如，利用图像识别技术对混凝土裂缝、孔洞等施工缺陷进行自动识别，对钢筋、模板等建筑材料进行自动计数盘点；利用语义识别技术，对施工合同、招投标合同等进行自动分析审阅等，全方位提高工程项目生产水平。

同时，智能识别系统还能够对工程项目实施过程进行在线自动化控制。例如，使用人脸识别技术监控人员出入情况，利用姿态识别技术实时监控工人的动态，记录工人工作时长；利用语音识别技术控制智能化喷淋系统等，全面实现智能化控制，提高项目智能化水平[84]（图 2-9）。

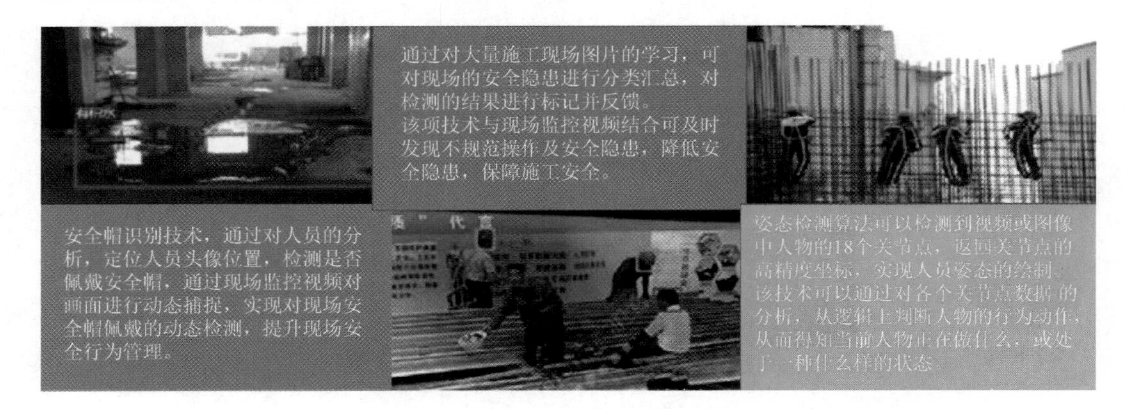

图 2-9　基于 AI 的现场安全风险识别

以基于 AI 的施工现场钢筋智能盘点为例，在建筑工程项目的结构施工期间，存在大量的钢筋盘点作业。传统的钢筋盘点方式有一定的不足之处，如人工清点速度慢、准确性差、效率低。应用基于 AI 的钢筋智能盘点技术可帮助物资盘点人员快速清点钢筋数量。目前，基于 AI 的钢筋识别准确率已经达到 99.9%以上，大幅提升了钢筋盘点的效率。

5）基于信息物理系统（cyber-physical systems，CPS）的智慧工地

在工程项目大脑的基础上，通过对施工现场“人、机、料、法、环”等各关键要素的全面感知和实时互联，并与云端的虚拟工地相互映射，构建虚实融合的智慧工地。通过岗位级的专业应用软件和各种智能设备对施工现场进行联动执行与协同作业，提升一线作业效能。通过云计算对数据进行分析认知，利用 AI 进行科学决策，对各种问题与风险进行主动预警和预测性作业，有效支持现场作业人员、项目管理者、企业管理者各层的协同和管理工作，提高施工质量、安全、成本和进度的控制水平，减少浪费，让施工现场作业更智能，管理更高效。

2.3.7　5G 技术

5G 技术是最新一代的移动通信技术，与上一代技术相比，具有高速率、低延时、高可靠、海量连接等特性，其不仅仅面向消费、娱乐、通信应用，而且可以面向各行各业，实现万物互联。

1. 5G 技术在建筑工程项目管理中的应用优势

建筑行业对工程管理的智能化有迫切需求，而 5G 技术的普及为建筑工程管理智能化提供了坚实的基础，5G 技术在建筑工程项目管理中的优势如下。

（1）5G 技术的高速率、海量连接等特性，可以满足施工现场信息的智能感知。通过 5G 技术的应用以及在施工现场架设信息传感设备，施工现场的信息可以快速传输到项目管理中心，从而实现施工现场的实时智能感知。例如，5G 技术的高速率和海量通信特点能支持全频谱高清视频的传输，结合智能化的图像分析工具，适用于施工场地的防火防盗、人员操作监管、机械设备监管、质量监管等；全息立体投影的应用，能实时感知施

工空间结构信息，从而对施工进度、物料供应进行更加精确的监管；各种类型传感器应用（声、光、污染物、位置等），能对施工现场的环境、机械操作实时监测和及时预警，大幅度提高事前预防能力。

（2）5G技术的高带宽、低时延等特征，可以实现施工现场与BIM技术的交互孪生。5G技术的高带宽、低时延等特征能够满足建筑信息模型的海量信息传输，实现项目建造过程信息与BIM的交互孪生，成为实体建筑与BIM虚拟模型的信息桥梁，进一步深化BIM技术在施工中的应用。例如，项目建设过程中的各种数据信息由智能感知设备收集，通过5G网络传输到BIM，修正BIM的真实信息，从而实现项目进度与成本的联动管理。在施工过程中将BIM信息通过5G网络实时显示在平板电脑、虚拟现实（virtual reality，VR）设备及增强现实（augmented reality，AR）设备上，能大大提高施工质量，降低施工偏差。

（3）5G技术的自组织网络、D2D通信、M2M通信，可以实现施工作业的多方协同。施工现场的作业要素众多，人员、设备材料的协同难度高，通过5G技术链接VR/AR设备、智能感知设备，可以实现施工要素（人-人、人-机、机-机）的有效协同。施工现场的信息依赖人工填报，存在信息滞后、失真、缺乏共享等问题，通过5G技术链接各类智能感知设备，能实时将现场信息关联到BIM以及对接到信息系统中，可以实现施工作业的数据协同。5G技术涉及一整套的通用技术标准，在5G自组织网络环境下异构网络环境能有效整合在一起，具有通用性强、应用范围广的特点，快速、低成本实现D2D通信、M2M通信，从而实现施工现场的技术协同[85]。

2. 5G技术在建筑工程项目管理中的应用场景

1）智慧监控

建筑工程施工现场的环境恶劣、安全风险因素众多，传统视频监控系统难以覆盖全场，而且依赖人工查看，监控效率低，只适合事后查证而不适合事中监管。在5G网络支撑的情况下，视频监控系统叠加4K高清视频、图像识别技术可以实现监控智能化、信息快速过滤，自动识别人和物等关键场景，在触发阈值时自动报警，实现事前预防、事中监管，在事后追溯取证时也能大大提升效率。因此，建筑工程施工现场的重大危险源、关键施工作业区域都可以设置智慧监控系统，降低管理成本，提高监管效率。

2）高频扫描

高频扫描是通过传感器高频率地获取关键施工设备与施工工艺信息，避免遗漏重要数据而影响施工安全或施工质量。在建筑工程中，工程机械设备对施工安全、进度、质量均有突出影响，因此可在挖掘机、塔吊、升降梯、卸料台等设备上安装传感器，通过5G网络连接，控制中心高频扫描设备数据，及时发现异常情况并发出警报。例如，在塔吊上可以安装风速、幅度、高度、角度、倾角、重量传感器，利用5G网络高频扫描监测塔吊的运行数据，在出现风险因素时预警。在模板支护工程中，也可以应用压力和位移传感器，每隔数秒抓取数据，从而迅速发现安全隐患。有研究表明，仅结合5G技术与高频扫描应用，即可降低80%的施工安全事故发生率。

3）数据传输与处理

建筑工程的进度、成本、质量、安全等管理会产生大量的信息，需要海量的数据传输、处理以及信息协同工作，施工工地过去采用宽带或 Wi-Fi 两种途径。宽带能支持高清视频等数据传输，但是布线困难，而且网线在作业过程中容易被破坏；Wi-Fi 布置方便，但是传输速度低且不稳定。5G 技术可以达到 10Gbit/s 的峰值传输速度，延迟小于 10ms，稳定性高，与机器学习等相结合，可以为工地的海量数据提供传输与处理功能。例如，一些工地已经尝试采用“5G + 无人机 + VR”，利用无人机 360°拍摄高清视频，通过 5G 网络传输到服务器，项目管理部及监理可以通过电脑、VR 眼镜对施工过程进行监督管理。

4）无线传感

传统的传感器需要通过有线进行信息传输，而无线传感器可以通过自组织的方式构建无线网络，从而使传感器之间以及传感器与信息系统之间可以交互及调控，5G 技术特别适合自组织网络。因此，施工现场可以通过 5G 自组织网络与无线传感技术相结合，对施工环境、移动巡检、定位、临时用能等方面进行管理。

2020 年是我国 5G 技术大规模应用的元年，5G 技术的高速率、低时延、高可靠、海量连接等特性有助于建筑工程行业提高施工管理的信息化与智能化水平；5G 技术在施工现场的智慧监控、高频扫描、数据传输与处理、无线传感等领域应用，能实现施工现场的智能感知、与 BIM 交互孪生、施工作业多方协同，解决建筑工程项目管理中存在的协同性差，缺乏动态性、时效性与精准性等问题。

5G 技术与 AI 技术的融合是推动行业数字化发展的重要引擎。5G 技术是数据传输的桥梁，能够对海量数据进行瞬时、准确地传输，形成物联网（IoT），为 AI 技术应用提供了数据基础，让 AI 无处不在。AI 技术是数据分析的大脑，能够打破行业发展的瓶颈，通过数据赋能释放巨大能量。5G 技术与 AI 技术的融合最终是形成智联网（AI + IoT，AIOT），实现人机物互联互通、数据赋能智能大脑，如图 2-10 所示。

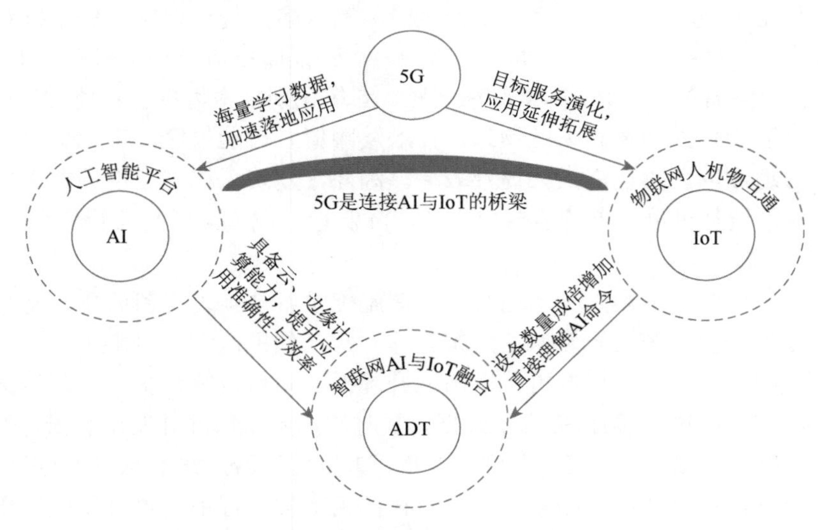

图 2-10　5G 技术与 AI 技术融合

3. 基于 5G 技术与 AI 技术的建筑工程项目管理数字化平台架构

基于 5G 与 AI 等先进技术搭建建筑工程项目管理的数字化平台，能够对施工现场

“人、机、物、法、环”进行实时动态的采集、监控、预测及优化，彻底解决线上与线下信息交互不畅，缺乏准确、及时的管理决策等问题，提供完善的智慧工地解决方案。

基于 5G 技术与 AI 技术的建筑工程项目管理数字化平台架构一般包括四层：感知层、网络层、数据层、应用层，如图 2-11 所示。

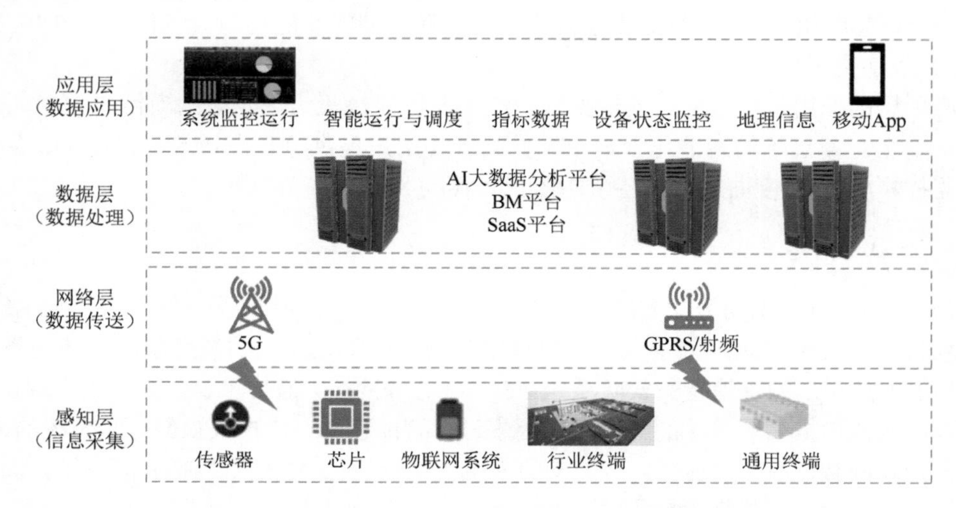

图 2-11　基于 5G 技术和 AI 技术的建筑工程项目管理数字化平台架构

1）数字化平台的感知层

感知层主要由传感器、芯片、物联网系统、行业终端等组成，作用是自动、实时采集施工现场的关键信息，并将其统一接入到数字化平台中，为系统提供数据支撑。在感知层中，物联网传感器技术是核心，微机电系统（micro-electro-mechanical system，MEMS）是技术变革的最新方向。MEMS 传感器以先进半导体制造为基础，与智能化芯片、机械、电子相结合，广泛应用于智能设备，具有体积小、精度高、功耗低、智能化等优势。在建筑工程中常用到的 MEMS 传感器包括各种类型的智能可穿戴设备、环境传感器、智能摄像头、无人机、扫描仪等。

2）数字化平台的网络层

网络层的作用是将感知层采集到的数据信息传送到平台系统。传统的有线通信以及 4G 无线通信方式受到现场条件、传递速率和带宽的限制，很难满足项目管理数字化的需求，5G 通信网络与近距离通信相结合可以满足海量信息的高效、及时传输。在网络层中，5G 组网和 RFID 技术是核心。由于施工现场情况复杂、危险因素众多，5G 组网需要做到安全、稳定、柔性，具体要求如下：5G 网络应该能够自动匹配项目所处区域的变化，保证覆盖、带宽、时延等关键指标满足需求；配置备用电源，保证供电稳定性；重要设备通信采用“双路由”，通过 5G 与射频或 Wi-Fi 接入。RFID 是一种无线通信技术，不需要机械或者光学接触即可实现识别读写数据。很多通信终端已经将 5G 与 RFID 等技术集成在一起，如华为的 5G 工业模组。

3）数字化平台的数据层

数据层的作用是存储、归集、分析、应用数据，为项目管理决策提供支持。数据层包括三大基础平台：AI 大数据分析平台、BIM 平台、SaaS 平台，通过三大基础平台集成提供智慧决策系统。

在数据层中，AI 大数据分析技术是核心。深度学习、神经网络算法、卷积神经网络等先进的机器算法已经在建筑施工信息系统中得到广泛应用，国内广联达等企业将 BIM 技术与 AI 技术相结合，能够提供建筑工程全生命周期的智能化与数字化解决方案。

4）数字化平台的应用层

应用层的作用是将数据层的数据分析结果及智能决策信息应用到项目的成本、进度、质量、安全、信息等的智能化管理中，并向各类用户提供综合全景的人机展示，如系统运营监控、成本-进度曲线、设备状态监视、移动 App 施工界面等。

4. *典型应用场景分析*

1）基于视觉识别的智能安防

项目施工现场的风险因素众多，包括设备操作风险、防火防盗风险、环境污染风险等，基于视觉识别的工地智慧安防系统包括 5G 边缘网络、监控平台、摄像头终端、传感器终端、其他扫描终端等，能够对风险因素进行智能预警、监控及报警，从传统的人工、被动监控转向智能、主动监控。智能安防系统主要应用的 AI 技术包括人脸识别、图像识别、异常行为分析、特征提取等。

智能安防系统根据应用对象的不同，包括智能安全帽、车辆识别摄像头、智能塔吊、智能物料验收、人脸识别闸机、周界入侵监控等，如图 2-12 所示。

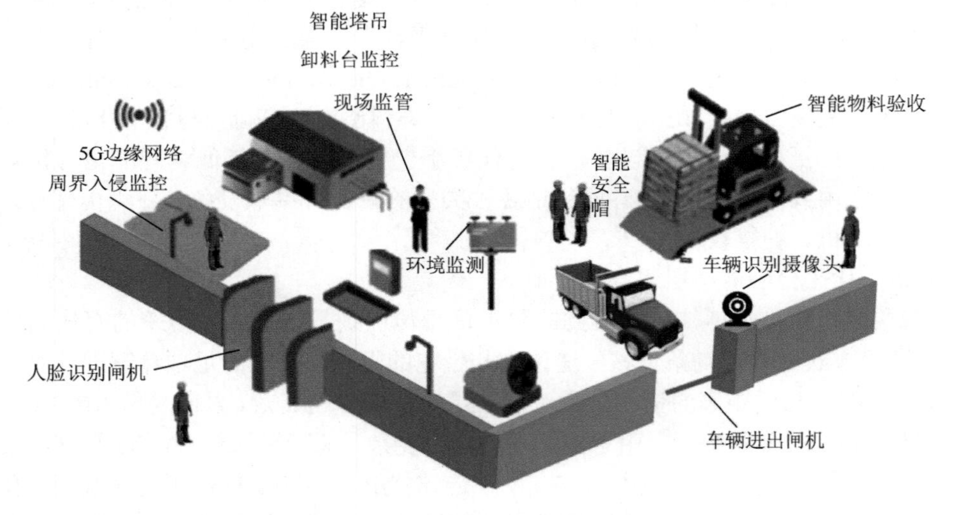

图 2-12　基于视觉识别的智能安防应用

2）基于深度学习的智能调度

建筑工程项目管理数字化平台拥有云端 AI 大脑，在动态感知施工现场的各种要素之后，AI 大脑能够进行自主深度学习，对数据进行模拟仿真、预测、决策，让项目管理更加高效智能。例如，AI 大脑通过实时的进度信息与项目计划目标相比较，可以推演出最优施工方案及施工计划，调度现场的人员、机械设备、物料高效运作，并对预制组件生产工厂下达加工任务，对物流配送进行智能调度，动态、持续优化项目组织方案，如图 2-13 所示。

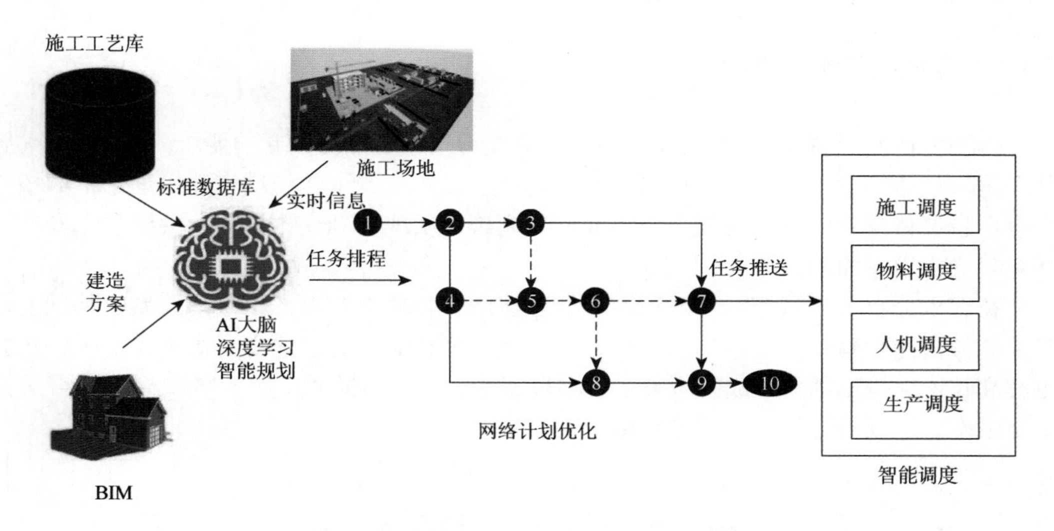

图 2-13　基于深度学习的智能调度应用过程

5G 技术与 AI 技术是我国“新基建”的两大核心组成部分，已经上升为国家战略层面。建筑业是我国传统的支柱性产业，5G 技术与 AI 技术在建筑业中的应用，能够促进建筑工程项目管理从信息化向数字化转变，解决项目管理的粗放、静态、滞后的问题，让这一传统行业焕发新的生机[86]。

各项技术为“生态 + 智慧”生态公园项目的管理平台提供了各种支撑，如图 2-14 所示。

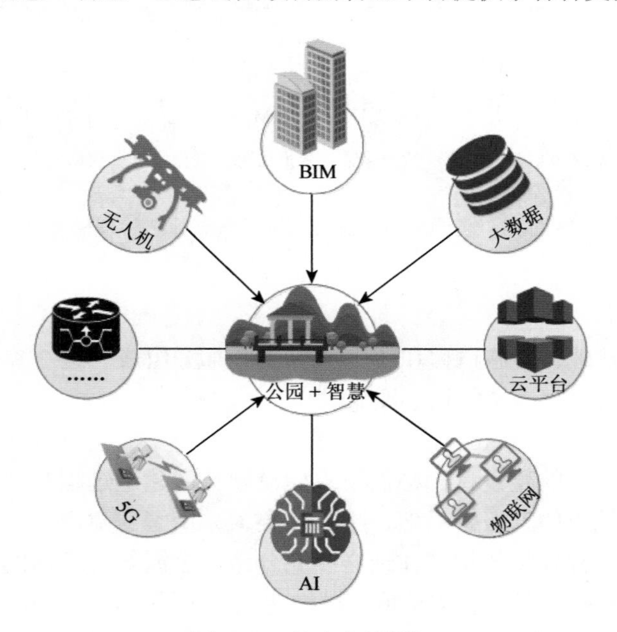

图 2-14　技术支撑框架

2.4　智慧建造管理模型与平台

2.4.1　智慧建造管理模型

作为城市发展高级形态，公园城市理念对建造过程必然提出新的要求。在“生态＋智慧”这一核心理念下，城市建设项目智慧建造管理既要继承传统城市建设理念下的核心内容，也要依据新时代的发展需求不断升级完善，实现基础理论框架、关键技术及其一体化集成应用方面的突破。

在深入分析公园城市、智慧城市和智慧建造等相关理论以及相互间关系的基础上，在公园城市建设背景下，本书以“生态＋智慧”为核心理念，建立了由理论基础、实施过程和技术支持三部分组成的生态公园项目智慧建造管理模型（图 2-15），用以指导公园城市生态公园项目智慧建造的管理实践。

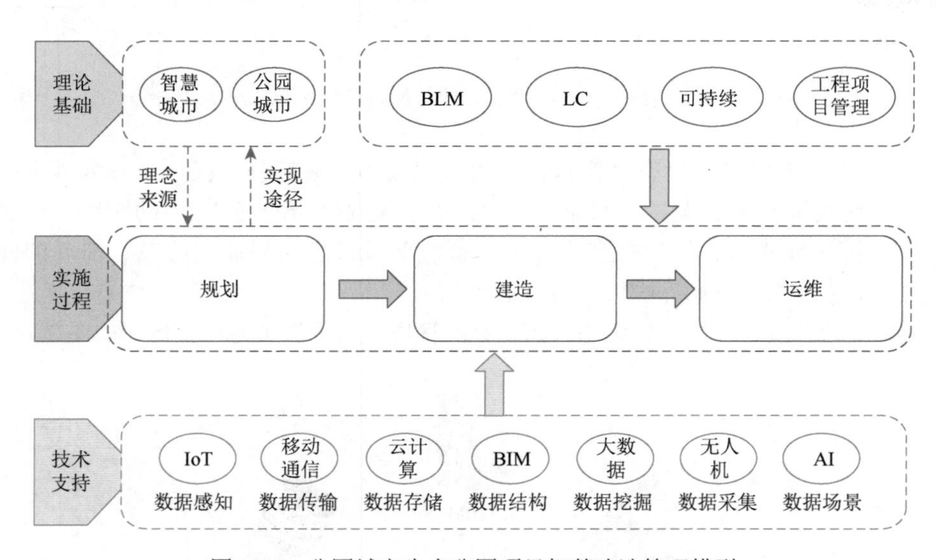

图 2-15　公园城市生态公园项目智慧建造管理模型

1. 管理模型

该模型由理论基础、实施过程和技术支持 3 个部分组成。这 3 个部分构成了在生态公园项目中顺利实施智慧建造的核心要素。

1）理论基础

一方面，智慧城市的建设目标必然要求建设项目的建造过程是智慧的，而公园城市的建设目标是智慧城市的升级，显然，也必然要求采用智慧建造。另一方面，也是这里需要强调的，生态公园项目的智慧建造必须充分考虑公园城市理念的核心特征。一是强化生态价值。建造过程要彰显生态价值，以构建全域公园、生态廊道等绿道体系为基础，引领功能产业、资源利用、文化景观等各方面发展，形成“绿色＋”的发展观。二是突出以人民为中心。公园城市理念突出“城市的核心是人”的价值取向，突出公园为“公”，做到共商、共建、共治、共融，突出服务所有人。三是突出构筑山、水、林、田、湖、草生命共同体的生态观。生态公园项目的智慧建造应考虑自然生态的整体性、系统性、内在规律以及对居民健康的意义，实现自然与城市的相融与共存。

此外，生态公园智慧建造需要对相关项目管理理论有更深刻的理解和有效的运用。例如，应更加注重全生命周期管理理念在智慧建造过程中的落实，确保生态公园的理念贯穿规划、施工和运维整个阶段；精益建造理论应成为施工阶段的核心指导思想。生态公园项目涉及更多的合作方、更高的绿色施工要求、更严格的质量安全成本等，必须通过精益建造实现项目建设目标。同样地，可持续理论、工程管理的其他重要理论等都应得到更有力的执行。

2）实施过程

生态公园项目的智慧建造实施过程覆盖了规划、建造和运维全生命周期过程。

建造过程则是生态公园项目建设目标逐渐实现的过程，也是集中体现“智慧”属性的重要环节。生态公园项目的智慧建造管理，必须做到 3 个方面。一是确保人员安全和质量合格。尽管这是对所有建设工程的底线要求，但在传统建造过程中，由于管理的疏漏，安全质量事故时有发生。在“生态 + 智慧”的视角下，从理念上应该更加重视“以人为本”的原则，同时由于更多先进技术的运用，如人员车辆的定位、无死角的监控、建筑机器人的使用等，管理的盲区应最大程度缩小，才能最大限度地保证项目的安全和质量。二是真正实现多方协同，提高管理效率。本书提出的管理模型强调全过程的协同管理，通过技术手段的运用，不同阶段的不同相关方都能及时获取最新项目建设信息，针对问题开展及时交流，从而缩短决策流程，同时也保护了各方利益。三是做到建设过程自身的绿色与智能。生态公园项目突出生态价值和以智能化为支撑的便利舒适，其建设过程自然也应该是对环境友好且智能化的。

生态公园项目的智慧建造还须包含运维阶段。长期以来，中国的建筑行业都存在“重建设轻运营”的思想。在这种思想的影响下，许多项目在规划阶段就没有充分考虑运维阶段的实际需求，缺少真正落地的可行性研究，导致项目在规划、建造阶段表面风风火火，实际风险却被忽视，一进入运维阶段，风险就会爆发，从而造成极大的社会资源浪费。生态公园项目的建设目标是否能够实现，最终是体现在建成之后能否顺利运行，而且鉴于其所承载的生态价值和与老百姓紧密相关的民生功能，更不允许其在运维阶段出现问题。因此，公园项目本质上要求真正落实全生命周期理论、可持续理论，要求把运维阶段可能面临的所有风险作为规划、建造阶段必须要考虑的要素，真正做到目标导向。真正从运维阶段的实际需求出发，确保项目定位准确、设计合理、施工工艺得当，从整体上实现对项目的管控。但需要看到的是，目前绝大多数所谓智慧建造管理的重心依然是在建造阶段，所开发出来的管理平台实现的仅仅是智慧工地，还达不到真正智慧建造的要求。

3）技术支持

《2016—2020 年建筑业信息化发展纲要》明确指出：“全面提高建筑业信息化水平，着力增强 BIM、大数据、智能化、移动通讯、云计算、物联网等信息技术集成应用能力，建筑业数字化、网络化、智能化取得突破性进展。”随着“生态 + 智慧”理念的普及，城市发展进一步由数字化、信息化逐渐向智慧化探索，这对智慧建造相关核心技术的进一步发展，以及与BIM的集成应用能力有了更高的要求。具体表现在以下各方面。

BIM 技术在生态公园项目智慧建造全生命周期的规划、建造和运维阶段应用十分广泛。BIM 技术应用于设计阶段可以集成各种参数化信息，实现深化设计，极大提高设计质量。BIM 技术应用于施工阶段可动态管理各项控制目标。例如，运用 BIM 进行施工模拟排除可能出现的质量安全问题；将 BIM 与成本、进度等要素进行集成形成建筑 5D 模型，可在施工过程中动态监控造价及实际进度；BIM 技术在运维阶段可提供维护相关信息、设施管控信息等，以此实现智能建筑、智慧物业、智慧园区、智慧社区等社会保障服务。

建立建筑业大数据应用框架，汇集从施工一线到整个建筑行业的市场、企业、项目、从业人员的完整信息数据，可用于对建筑全生命周期的管控、分析和决策。公园城市生态公园项目智慧建造应充分利用大数据价值，如其在项目规划阶段设计方案确定、建造阶段动态成本管控、运维阶段风险控制等方面均有参考意义。

云计算技术能够改造提升企业信息化平台及软硬件资源，降低建筑行业、企业信息化办公及管理成本。云计算不仅在规划设计阶段能够让设计人员通过模型共享实现高效协同，在施工现场管理中使现场作业人员通过移动设备实时获取更新信息，也可以在运维阶段使管理人员及时掌握项目运行状态，已是建筑业信息化不可缺少的支撑技术。

物联网技术与建设项目管理信息系统的集成应用可有效进行施工现场监管，利用生物识别系统、现场监控系统、无线射频、传感设备等对现场人、机、料进行实时跟踪，可实现对质量安全等目标的有效控制。

智能化技术包括的硬件有无人机、智能穿戴设备、智能机器人、手持智能终端设备、智能监测设备等，软件系统包括自控技术、通信网络技术、图像识别技术、传感技术及数据处理技术等。将智能化技术应用于设计及施工过程，可便于工程交底、降低安全风险、提升施工质量，实现精益建造。

2. 管控要点

基于信息协同，管理模型贯穿工程项目全生命周期，以实现公园城市生态价值为核心的管理模式，提出各周期阶段的管控要点（图 2-16），以解决同类大型项目中的难点问题。

1）中心：BIM 技术信息共享

生态公园智慧建造项目，是践行公园城市建设要求的实际行动。通常项目工程量大，建造标准和政府关注度高，参与单位众多，包括建设单位、政府主管部门、总包单位、监理单位、过控单位等，导致工程项目协同管理、组织管理难度非常大，如何保证信息传递畅通、高效？

基于 BIM 技术信息共享，解决了项目的技术、质量、工程、安全、经营等方面的信息传递难题。BIM 技术信息共享使项目各参与方能及时、有效获取项目信息，进行现场监控、项目管理、智能化办公，对大量数据进行统计与分析发布，提高协同工作的效率。

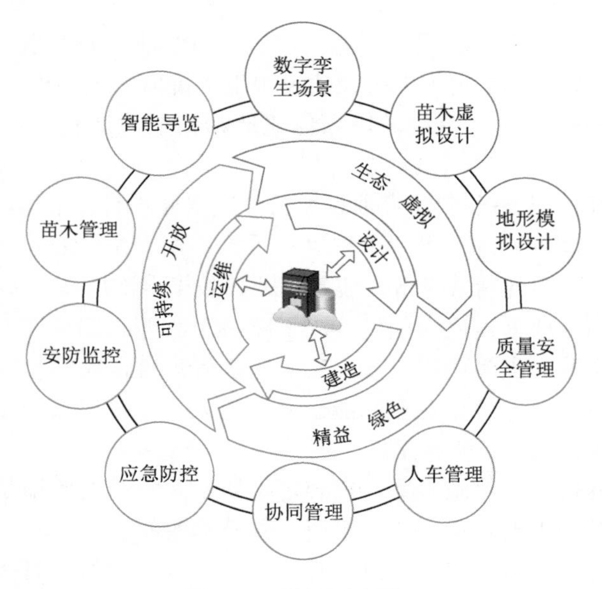

图2-16 管控要点模型

2）各阶段管控要点

（1）规划设计阶段——生态、虚拟。以虚拟设计实现生态公园建设中生态价值的核心理念。

① 数字孪生场景。生态公园建设项目通常涉及园林景观的建设内容，建设区域往往地形复杂多变，山体、水体变化多端，实施过程中绿化施工方案变化大、时间短、难控制，景观营造还需结合当地文化特色，多元共融、统筹设计、高品质景观效果呈现难。同时需考虑施工过程中对地形土方调配难度大、地形复测工作量大，微地形调整时间长，地形营造控制难的问题。如何解决这样的难题？

利用数字孪生技术，搭建真实建设环境的数字孪生场景，完全复原建设区域内的自然地形，地上和地下建筑物、构筑物、景观及附属设施等现场环境，在此数字场景平台上进行后续的设计方案优化、施工方案模拟等各项建设内容，利用现代信息技术，实现虚拟设计和虚拟建造，为生态公园的智慧建造提供新的建设思路。

② 苗木虚拟设计。生态公园建设项目的园林景观建设内容涉及的苗木种类多、数量大，如何提高景观设计的效率，减少返工比例，使苗木真实景观能最大限度地再现设计效果？

景观苗木的虚拟设计在初设阶段，根据绿植设计文件，对常用乔木、灌木进行1∶1建模，建立项目苗木模型库。进行苗木模型布置，结合苗木的外观形态、生长特性、采购难易、综合单价等多种因素，对苗木品种、间距及栽种方案进行合理优化。依靠虚拟技术，让景观园林完工效果提前呈现，直观地对施工图纸及栽种方案进行比选，此方法可缩短30%景观方案的定稿时间，并避免后期变更造成资源的浪费。

③ 地形模拟设计。结合BIM + GIS应用，在地形方案设计阶段利用无人机采集作业区域内的地理空间数据，采用软件对地形进行可视化、参数化建模，提取现场原始高程点，在软件中生成原始地形模型，进行高程点分析、参数化建模，再设计等高线进行比

对分析，合理调整竖向标高，直观展示施工主体与周边地形的关系，为项目施工准备阶段提供三维可视化基础，以实现生态公园建设中生态价值的核心理念。

（2）建造阶段——绿色、精益。以绿色建造和精益建造实现生态公园生态价值的体现。

① 质量安全管理。生态公园建设项目通常涉及水体项目、园林项目等景观工程的施工内容，传统施工管理难以解决景观工程“做了挖、挖了做”的问题，质量控制难。如何严格控制施工质量，实现精益建造，使景观园林效果一次成型，完美展现设计效果？

生态公园建设项目通常占地面积广，施工路线长，随时都有许多台设备、众多工人分布在若干点位上作业，点多面广，安全文明施工管理难，对项目的安全文明施工管理压力非常大。如何做到各危险作业点都能定岗、定人、定时巡查，施工现场的机械、运输车辆有效运行，保证安全文明施工？

通过应用物联网技术，对施工重点内容进行质量和安全的监控是解决问题的一个途径。物联网技术能够利用射频识别、二维码、传感器等感知、捕获、测量，随时随地对工程项目施工重难点的质量和安全信息进行采集和获取，并将信息接入信息网络，依托各种智能计算技术，对感知数据和信息进行分析并处理，从而实现对工程项目施工质量和安全的实时监控，发现问题及时处理，消除隐患，解决施工质量和安全控制问题上的重难点，确保工程质量。

② 人车管理。生态公园建设项目任务重、头绪多，施工现场作业面积大，涉及各专业内容同步实施，运输车辆和施工机械众多，施工区域内交通冲突点多、交通压力大，如何才能有效保证现场的管理，优化项目现场管理效果，提高人员和车辆机械的运行效率，并最大限度减少环境污染，实现绿色建造？

利用定位和监控系统，可实时追踪施工人员行动轨迹，实现在项目各危险作业点定岗、定人进行巡查，有效保证现场的安全管控。

利用定位和监控系统，对运输车辆及大型设备进行归集追踪，根据定位和监控信息，自动统计不同时段各类车辆的进出数量，分析路口、路段的交通状况，为交通调度、路况优化提供精准参考依据，优化现场的车辆行驶线路，根据各区域的交通需求调配车辆行进路线，减少车辆运输路线冲突，提高机械设备安全管理及运输效率，优化人机管理。

③ 协同管理。生态公园建设项目参与方众多，如何实现各参与方的顺畅沟通，协同工作，提高工作效率？

建设协同工作平台，在信息共享的基础上，实现零纸化办公流程，允许各参与方在线上进行各项工作，通过使用者手机端及电脑端接入协作平台，项目与监理、设计、业主方均可发起线上办公流程，查看协作和审批流程信息，实现管理痕迹在管控平台的统一呈现。

（3）运维阶段——可持续、开放。以可持续发展的管理理念进行运维管理，从下而上，实现数据的开放管理，减少运维管理成本。

① 应急防控。云计算、AI、5G、大数据、物联网等新兴技术在应对突发事件时，响应及时，能最大化保护人员安全，规避传统应急手段带来的时效性不足、工作量大等问题。

② 安防监控。生态公园建设项目为给每一位游客提供美好、安全的休闲娱乐环境，

实现对各个景点安全、科学、有效的管理，对旅游区现场实施全天候、全方位 24h 监控及人员流动的记录，达到加强现场监督和安全管理、提高服务质量的目的，使工作管理更加规范化、科学化、准确化、智能化、信息化，为旅游区安全工作做好有力保障。

构建智能监控系统，实现游览区的物体遗留监测、周界监控、游览区禁区防护及人流量统计等功能，更好地实现景区实时监测、数据收集及景区安全保障。

③ 苗木管理。生态公园建设项目建成投入运营后，存在管理区域大、种植园林植物多、苗木管理工作庞大的问题，如何在投入产出比最小的前提下，对主要植株进行可持续管理，使苗木的存活率高，最大程度实现设计效果？

利用管理平台，对园区主要的植物制作苗木二维码，并将维护信息上传到平台，对主要苗木进行监控，精确掌握苗木的生长情况，为后期运维管理奠定基础。

④ 智能导览。利用数字孪生场景，建设生态公园项目的导览三维模型，将传统的平面地图转化为更为真实、形象的虚拟场景，并利用网络、GPS 定位等手段，将传统导览设施变成主动的信息发布平台，不仅能使公园能更好地与游客互感、互知，而且能使游客游览路线不再单一，而是富有趣味性。

生态公园建设运营项目的数据能以开放的接口，接入公园城市生态公园的整体智慧城市管理平台。

2.4.2　智慧建造协同管理平台

大运会主会场东安湖片区配套基础设施建设项目是第 31 届世界大学生夏季运动会（简称大运会）支撑性的重要配套设施项目，项目位于成都市龙泉驿区，占地 5921 亩（1 亩≈$666.67m^2$），主要包括水库、园林、桥梁、道路、隧道工程，具有建设工期紧、体量大、要求高、管理协调难度大等特点（图 2-17）。

图 2-17　东安湖公园效果图

项目以“服务设计、提升工程品质、加快施工进度、优化项目成本、实现虚拟建造及管理信息化”为目标，以信息化管理为手段，与国内本土企业联合开发，搭建了智慧建造管控平台，根据东安湖项目实际情况定制开发模块，通过授权管理，实现集团—分公司—项目的三级信息化管控。

1. 管理架构

东安湖项目采用了“总指挥部 + 执行项目部”的模式来进行项目管理与运作（图 2-18），总指挥部负责项目总体目标制定、总体统筹协调、设计管理、资源的整合分配、项目过程管控、项目经营与资金管理。执行项目部负责工程履约。

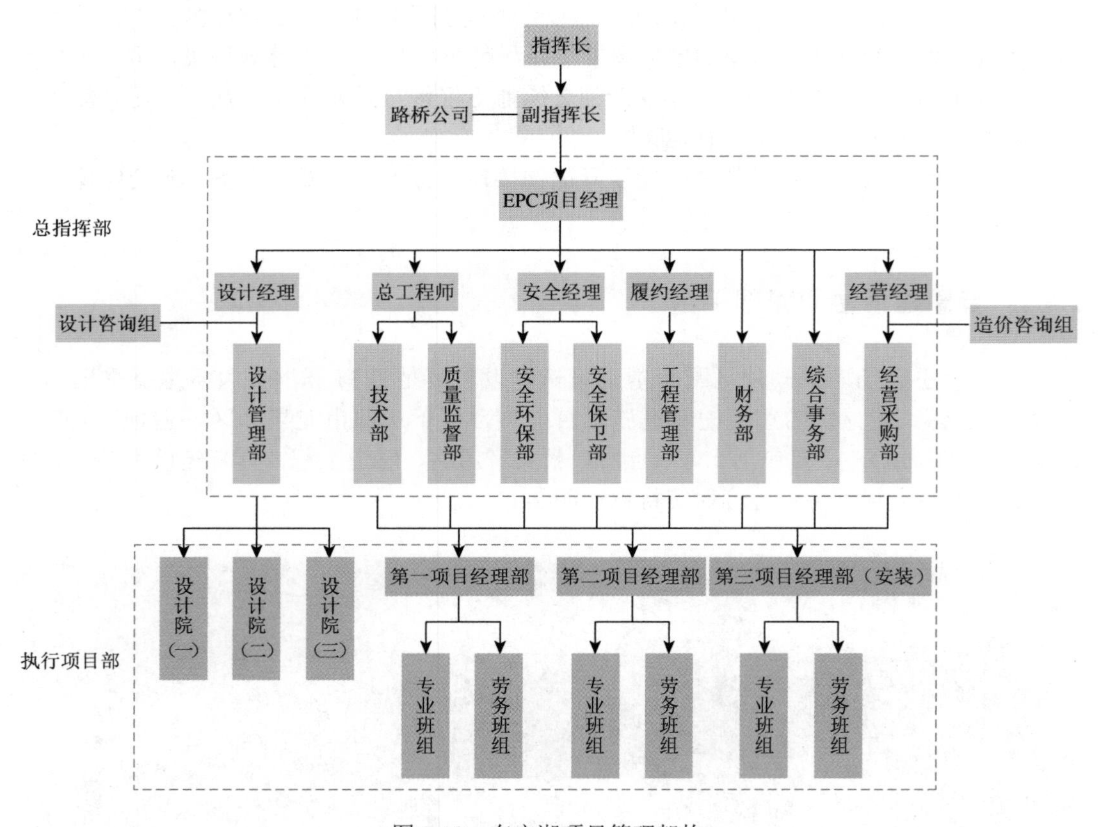

图 2-18　东安湖项目管理架构

EPC（engineering procurement construction）指工程总承包

同时，需要配套先进的信息化管理手段，以满足项目的技术、质量、工程、安全、经营等方面的管理需求，并进行现场监控、项目管理、智能化办公，以及大量数据的统计与分析。这个管理系统能通过 PC 端、手机、智能设备进行便捷访问，同时技术人员、项目各层管理者、各参建方都能参与进来（图 2-19）。

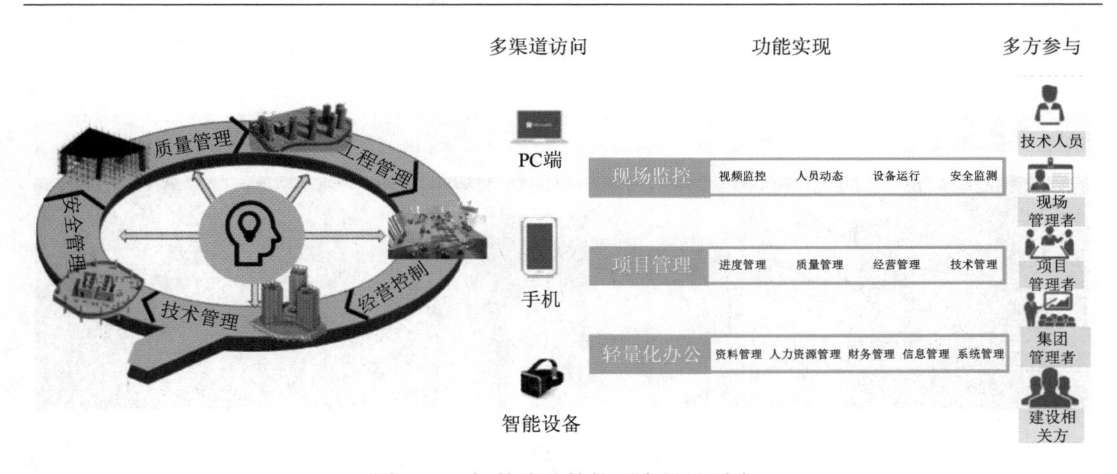

图 2-19　智慧建造管控平台设计需求

基于以上的设想或目的，中国五冶集团有限公司与鲁班软件股份有限公司联合开发了智慧建造管控平台。

2. 智慧建造管控平台

智慧建造管控平台，通过虚拟场景、数字化场地管理、“BIM＋”等技术在设计、施工阶段的深度应用，解决了组织及统筹管理难、高品质景观效果呈现难、地形营造控制难、混凝土结构质量要求严等难题。突破传统信息交流模式中的传递和沟通障碍，以更为直观、便捷的方式向管理人员、劳务班组展示关键节点、标准要求等信息，提高可视化交底的普及率，提升项目施工质量。利用管控平台的大数据分析、整理能力，实现项目的信息互联互通，加强各部门间的协调与管理，使管理立体化。实时获取施工过程中的质量、安全、进度等信息，大幅提高数据的收集和传递效率，形成信息化项目管理的组织形式，提高各岗位间的沟通效率，强化信息化管理运作，实现项目管理工作可追溯。平台方便管理层随时掌握项目建设情况，为高效决策提供依据，提高企业管理和项目精细化管理水平。

1）基本介绍

智慧建造平台以 BIM 技术、GIS 技术、IoT 技术为基础搭建城市信息模型（city information modeling，CIM）数字底板，充分与云计算、大数据、人工智能、5G、北斗定位等先进技术进行融合，构建“规、建、管”全生命周期的一体化管理平台，打造信息化、数字化、智能化的智慧建造管控中枢，从“人与经验”向“系统与数据”进行现代化创新管理模式的转变。

平台主要以 1 个平台（智慧建造管控平台）、3 个子系统（BIM 应用、BIM＋无人机应用、BIM＋IoT 应用）、12 个功能模块进行建设，集成了项目概况、进度管理、资料管理、协同管理、环境监测、人员考勤、视频监控、人员定位、车辆定位、无人机应用、试块养护、深基坑监测 12 个模块。通过对现场相关信息的采集和分析，为项目的精细化管理提供决策依据（图 2-20）。

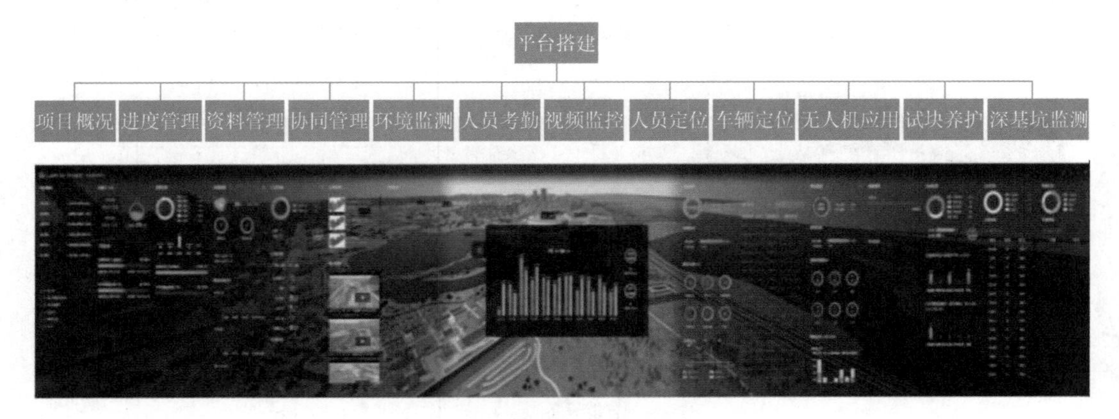

图 2-20　智慧建造管控平台

2）技术特性

智慧建造管控平台拥有支撑数字孪生城市的技术特性，主要包含以下 4 个方面。

（1）强大的底端基层基础设施：PB（1PB = 1024TB）级静态数据接入能力、PB 级动态数据承载能力、多源异构数据融合能力、可支持多样的 AI 应用、开放的第三方兼容能力。

（2）强大的韧性中间层平台：二次开发生长力、强大的三维编辑器、可插拔架构设计、集约化的云部署。

（3）完善的前端生态应用：BIM 数据无缝展现、超大场景精确还原、精细数据超强渲染、现实环境沉浸仿真。

（4）可靠安全的数据管理：私有化部署、数据的高效存储与智能化备份、数据安全监控与智能化处理。

3）基于智慧建造平台的数字孪生

（1）服务设计。根据绿植初始设计图纸，对园区内 300 余种乔木及 100 余种灌木进行 1∶1 建模，形成苗木模型库（图 2-21），在系统平台图形编辑器中进行苗木模拟栽植，在 2 个月时间内，完成 5 个示范区共 2950 余亩公园景观虚拟建造（图 2-22）。

图 2-21　苗木模型

图 2-22　苗木载入与布置

依靠虚拟建造技术，让公园完工效果提前呈现，直观地对施工图纸及栽种方案进行比选（图 2-23），在苗木搭配、树种间距等方案中，累计完成 500 余处绿植优化，较传统设计方式，此方法可缩短 30%景观方案的定稿时间，并避免后期变更造成资源的浪费。

图 2-23　场景还原效果

（2）可视化交底。参照绿植图纸、虚拟场景图片等，景观园林施工人员更好地理解设计意图，较传统施工方式，此方法提供了三维可视化工具（图 2-24），便于管理人员对作业人员更好地进行交底，避免施工误差造成经济和工期损失。

图 2-24　现场施工对比

（3）GIS + BIM 融合。工程实施之前，利用无人机采集作业区域内的地理空间数据，采集范围达到 5900 余亩。平台通过自主研发的数据模型算法，对矢量、地形、BIM、倾斜摄影等三维数据进行融合，直观展示施工主体与周边地形的关系，为项目施工准备阶段提供三维可视化基础（图 2-25～图 2-27）。

图 2-25　GIS 模型

图 2-26　模型融合

图 2-27　现场布置

（4）无人机测量技术。在土方填挖阶段，利用无人机测量技术，生成倾斜摄影模型，将倾斜摄影模型中点云数据导出至 CAD，形成场地等高线及坐标点，动态分析区块挖填方量，实时调整土方开挖方案，减少土方二次开挖量，达到全场区分米级、局部厘米级的精度要求，为项目减少 95%的测量工作量（图 2-28）。

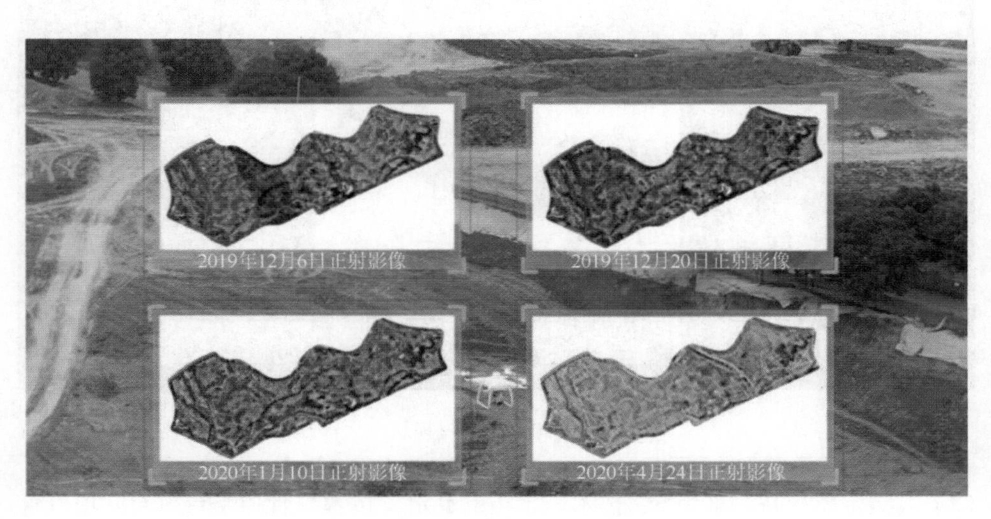

图 2-28　无人机测量

（5）微地形调整。微地形调整期间，将倾斜摄影得到的原始地形模型与设计地形模型叠合比较，直观地掌握填挖高差，高效率、高质量地完成地形营造工作，为项目节约 2 个月的地形微调时间（图 2-29）。

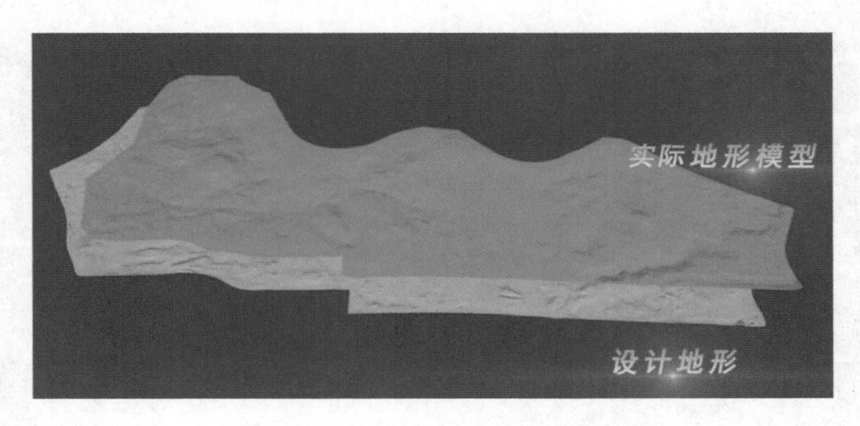

图 2-29　设计地形与实际地形模型对比

4）基于智慧建造平台的项目管理

（1）无人机模块。无人机模块集成了正射影像、倾斜摄影地形模型、土方填挖分析、无人机实时航拍画面。通过管控平台上传了 13.5GB 的正射影像及倾斜摄影模型。通过实际土方挖填数据录入并与数字场景中土方挖填数据进行对比分析，完成了 5 次土方挖填方案优化；通过将无人机设备接入平台，定时定区域完成了 86 次自动巡航飞行，通过数字场景与航拍实际施工情况进行对比，直观展示项目进度情况（图 2-30）。

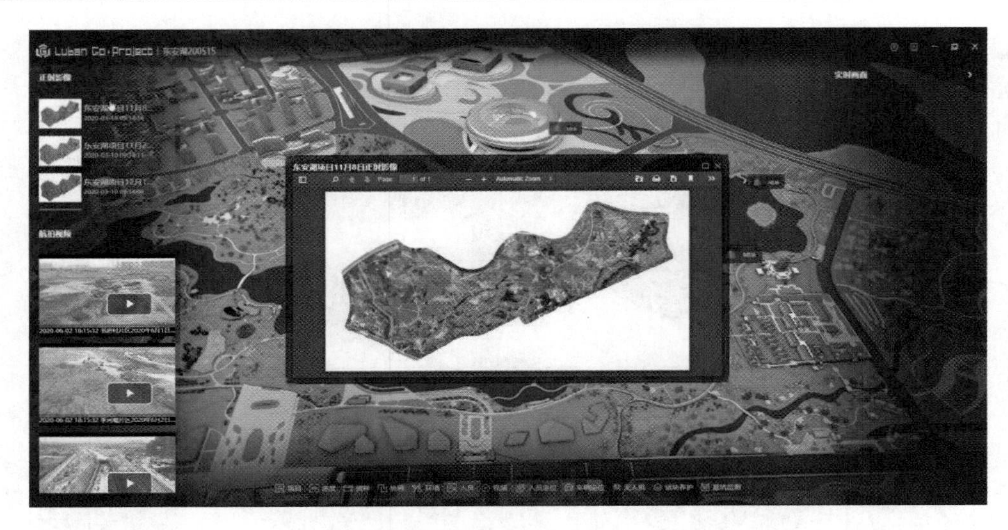

图 2-30　无人机模块

（2）人员定位模块。采用 5G 技术、北斗卫星定位技术与管控平台融合，项目管理人员通过定位胸牌的佩戴，将项目 56 名人员在项目 BIM + GIS 的孪生场景中进行动态展现，并可追踪行动轨迹，实现对项目各危险点位的实时定位，确保在安全巡视工作落地的基础上保证安全管控到位（图 2-31）。

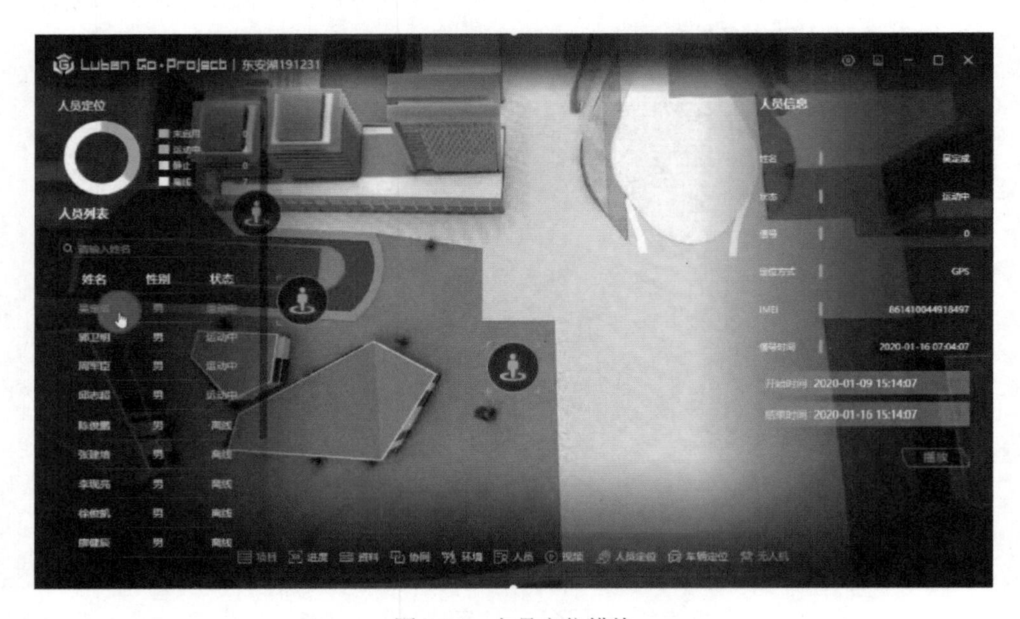

图 2-31　人员定位模块

（3）车辆定位模块。将北斗卫星定位系统接入管控平台，实现机械在大场区的动态再现。通过在主要作业车辆上安装定位装置，结合 GPS 定位系统，追踪车辆行动轨迹，优化线路规划方案，最大限度地减少交通冲突点，提高机械设备安全管理及运输效率。

（4）砼试块养护智能监控系统。本项目包含暗涵、桥梁、隧道、建筑等构筑物，做好各构筑物的混凝土养护是保证混凝土质量的重要环节。因此，项目引进了砼试块养护智能监控系统，该系统由植入设备、标养架、同养架、收样设备、认样设备、管理终端共同组成。系统信息包括养护数量、养护状态、养护条件、养护预警次数等，共完成 1554 组试块养护监测，使各参建单位实时监控养护质量并主动采取纠偏措施 33 次，保证了混凝土的养护质量（图 2-32）。

图 2-32　砼试块养护智能监控系统

（5）基坑位移监测系统。采用基坑位移监控技术，在现场布置监测点 93 个，并将监测数据接入平台，通过平台可实时查看各监测点位移变化、变化趋势及监测的可视化区域范围，该项目对监测数据异常情况完成了预警推送 5 次，从而对基坑位移进行信息化监测，有效减少基坑边坡的施工风险（图 2-33）。

图 2-33　基坑位移监测系统

（6）电子沙盘。电子沙盘包含项目参建 5 方责任主体单位的基本信息，基于 BIM + GIS 的可视化应用场景划分列表（其中包括 8 个作业区块划分、4 个生态修护区划分，12 个施工便道及临设划分、6 个挖填方区域划分）（图 2-34）。通过对项目基本信息的区域划分、自动更新、统一归集、可视化查询，提升项目的管理水平。

图 2-34　电子沙盘

（7）进度管理模板。平台与 BIM 系统数据互通，进度管理模块接入结构物全生命周期状态，记录结构生产到养护 9 道工序所含计划、实际进度时间。通过点击平台中模型构件可查看进度现场生产管理信息，实现动态可视化的施工过程模拟及现场进度对比，为进度纠偏提供直观依据（图 2-35）。

图 2-35　进度管理模块

（8）资料管理模板。通过平台完成了全项目工程资料电子化存档6769份，各工程资料与对应的BIM构件关联，各参建方通过客户端、手机端完成了5000余人次的工作资料的查阅，实现了项目资料的各方协同、应用与共享（图2-36）。

图2-36　资料管理模块

（9）协同管理模板。在日常管理中，通过平台发起流程、协作的方式将各方传统的报检报验、专项检查等线下工作流在线上完成，对60余家参建单位共554名人员进行账号分配及权限管理，完成了2890个工作审批的流程闭环（图2-37）。

图2-37　协同管理模块

（10）环境监测系统。环境监测系统与住建平台及管控平台对接，通过平台可实时查看现场天气、温度、湿度、$PM_{2.5}$及PM_{10}情况。平台完成了对环境数据的抽取与分析，$PM_{2.5}$或者PM_{10}在达到预警阈值时会自动将预警消息推送给对应人员，东安湖公园建设期间已完成了120次的预警推送，便于项目管理人员及时、有效地完成对现场环境管理的整治处理（图2-38）。

图2-38 环境监测系统

（11）人员考勤模块。人员考勤模块将人员实名制、出勤记录对接住建系统，通过平台实时查看当日现场各队伍、各区块、各工种作业人员数量及考勤记录，满足对现场人员管理的需求。在项目建设期间工人数量峰值达到了1400余人，一年内完成了10.56万人次的考勤统一管理，极大地提高了封闭式管理的效率。该项目是成都市第一批完全达到复工生产条件的项目，智慧建造管控平台保证了项目的正常推进（图2-39）。

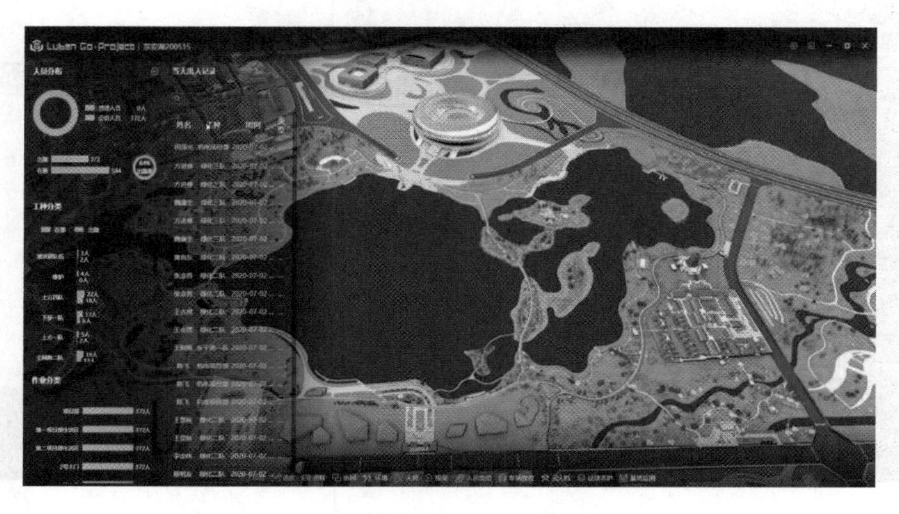

图2-39 人员考勤模块

（12）视频监控模板。项目共计设置 9 个门头的监控点位，实时监控并记录施工现场运渣车进出、人员进出、人员安全帽佩戴等情况，完成了对 5 类数据的分析及 135 次的预警推送。同时视频监控对接住建平台，辅助政府部门对项目进行统一监管（图 2-40）。

图 2-40　视频监控模块

（13）智能交通模板。项目接入智能车流统计系统，实现两大功能：①地下管网、苗木栽植、景观建筑施工期间，各专业同步实施，运输车辆多，主要便道为园区道路，交通冲突点多、交通压力大，根据各区域的交通需求调配车辆行进路线；②园区运营阶段实时监控园区入口、特色景点道路的车流量，自动统计不同时段各类车辆的进出数量，分析路口、路段的交通状况，为交通调度、路况优化提供精准参考依据，为大型活动的顺利举办保驾护航（图 2-41）。

图 2-41　智能交通模块

（14）苗木管理与设施控制二维码。对园区主要的植物制作二维码，并将维护信息上传到平台，为后期运维管理提供帮助；通过物联网技术，实现手机二维码扫码操控游乐设施（如音乐喷泉），与游人互动（图2-42）。

图2-42　苗木管理与设施控制二维码

（15）政府平台对接模式。项目竣工后，将搭建的智慧建造平台内容及数据接入龙泉驿区政府数字园区平台，帮助政府对公园进行运维管理（图2-43）。

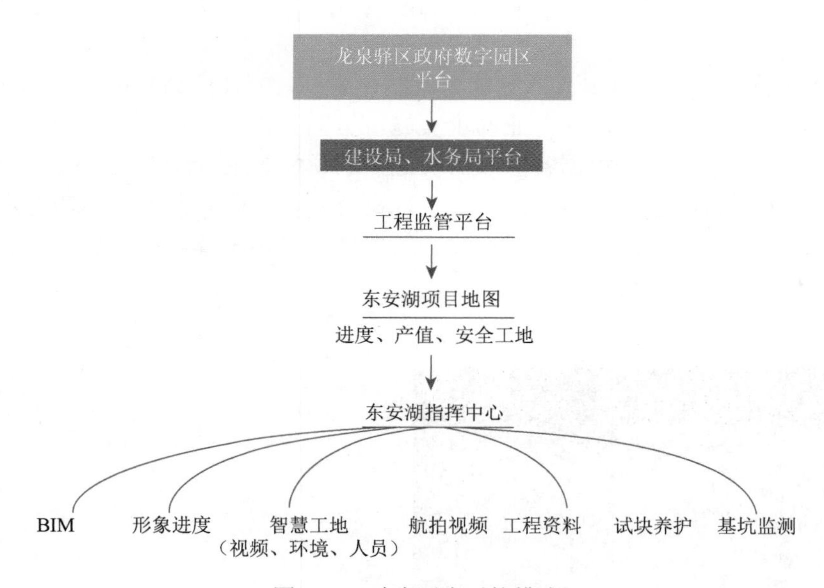

图2-43　政府平台对接模式

第3章　生态公园设计

3.1　生态公园设计原则

1. 公园城市规划设计原则

公园城市作为人们追求的新型居住城市，是时代进步的需要。公园为城市主要的公共绿地空间，城市是居民聚居的地方，如何才能让它们和谐统一在一起呢？需要怎么进行景观规划呢？

1）以人为本

公园城市景观设计是以科技、艺术、社会、经济等综合手段，结合城市居住地和城市公共绿地设计出符合人们居住和休闲的需求，所以在进行公园城市设计时，需要把握好每一个景观节点，使其都以人的需求为出发点，遵循以人为本的原则。

2）保护环境，节约资源

公园城市中，公园绿地是同居住地相结合的，所以在公园城市景观设计过程中，应尽可能地使用可再生资源和本土植被。材料使用达到其利用价值的最大化，植被设计也应考虑减少后期的养护成本。

3）尊重自然

公园城市在设计时需要综合考虑原始地貌的河流湖泊、山丘沟壑、绿化植被等宝贵景观资源，在其基础上改善景观环境，使其同人工景观和谐相处，提升公园城市特色。

4）尊重文化

尊重设计地的传统文化和乡土知识，吸取当地人的经验，挖掘当地独特的文化资源，做有文化内涵的生态设计。

2. 公园城市景观设计原则

1）异质性原则

景观异质性导致景观的复杂性与多样性，从而使景观生机勃勃、充满活力、趋于稳定。因此在对公园城市（以人工生态主体的景观斑块单元为主的城市公园）设计的过程中，以多元化、多样性追求景观整体生产力的有机景观设计法，追求植物物种多样性，并根据环境条件的不同处理为带状（廊道）或块状（斑块），与周围绿地融合起来。

2）多样性原则

城市生物多样性包括景观多样性，是城市居民生存与发展的需要，也是维持城市生态系统平衡的基础。公园城市的设计以其园林景观类型的多样化，以及物种的多样性来维持和丰富城市生物多样性。因此，物种配置以本土和天然为主，让地带性植被——南亚热带常绿阔叶林等种群（如假苹婆、秋枫、樟树、白木香等）作为公园绿化材料的主角，让野生植物（如野草、野灌木）形成自然绿化，这种地带性植物多样性和异质性的设计，将带来动物景观的多样性，能引诱更多的昆虫、鸟类及其他小动物来栖息。例如，在人工改造的较为清洁的河流及湖泊附近，蜻蜓种类十分丰富，有时具有很高的密度，在高草群落（如芦苇等）、地被植物附近，有各种蝴蝶，这对城市中少年儿童的自然认知教育非常有利。同时，公园内景观斑块类型多样性的增加，也会带来生物多样性的增加，为此，应首先增加和设计各式各样的园林景观斑块，如观赏型植物群落、保健型植物群落、生产型植物群落、疏林草地、水生或湿地植物群落。

3）景观连通性原则

景观生态学用于城市景观规划，特别强调维持与恢复景观生态过程与格局的连续性和完整性，即维护城市中残遗绿色斑块和湿地自然斑块之间的空间联系。这些空间联系的主要结构是廊道，如水系廊道等。

廊道除了作为文化与休闲娱乐走廊外，还要充分利用水系作为景观生态廊道，将园内各个绿色斑块联系起来。滨水地带是物种最丰富的地带，也是多种动物的迁移通道。要通过设定一定的保护范围（如湖岸 50m 的缓冲带）来连接整个园内的水际生态与湖水景观的保护区。

在园内，将各支水系贯通，使以水流为主体的自然生态流畅通连续，在景观上形成以水系为主体的绿色廊道网络。在设计的同时，充分考虑上述理想的连续景观格局的形成。一方面，开敞水体空间，慎明渠转暗，使市民充分体验到“水”这一自然的过程，达到“亲水”目的。另一方面，节制使用钢筋水泥、混凝土，还湖的自然本色，以维护城市中难得的自然生境，使之成为自然水生、湿生以及旱生生物的栖息地，使垂直的和水平的生态过程得以延续。同时，亦可减少工程造价。

4）生态位原则

所谓生态位，即物种在系统中的功能作用以及在时间与空间中的地位。公园城市设计充分考虑植物物种的生态位特征，合理配置、选择植物群落。在有限的土地上，根据物种的生态位原则实行乔、灌、藤、草、地被植被及水面相互配置，并且选择不同高度、不同颜色及季相变化的植物，充分利用空间资源，建立多层次、多结构、多功能的科学植物群落，构成一个稳定的长期共存的复层混交立体植物群落。

5）景观整体优化原则

从景观生态的角度来看，公园城市是一个特定的景观生态系统，包含多种单一生态系统与各种景观要素。为此，应对其进行优化。首先，加强绿色基质。公园城市独特的自然环境、生态条件以及市民对生态和自然景观空间的重视与追求，使得公园内绿地面积超过总用地面积的 85%（含湖面水体）。公园绿地作为景观基质（面积占 73%），设计将所有园路种上树冠宽大的行道树或草皮，形成具有较高密度的绿色廊道网络体系。其次，强调景观的自然过程与特征，设计将公园融入整个城市生态系统，强调公园绿地景观的自然特性，优先考虑湖面、河流的完整性与可修复性，控制人工建设对水体与植被的破坏，力求达到自然与城市人文的平衡。

6）缓冲带与生态交错区原则

作为公园内湖泊、河流的缓冲区，湖滨湿地景观设计应注意 4 个方面。①按水流方向，在紧邻湿地的上游提供缓冲区，以保障在湿地边缘生存物种的栖息场所与食物来源，保持景观中物种的连续性；②在湿地中建立走道来规范人类活动，防止对湿地生态系统的随意破坏；③为解决保持亲水性与维持生态系统完整性间的矛盾，采取挺水植物、浮水植物与沉水植物搭配的方式，设计临水栈桥来解决，其中栈桥随水位呈错落叠置变化；④为避免湿地或湿地植被产生臭味，通过植物类型的搭配，使植物与植枝落叶层形成自然生物过滤器来控制臭味，并阻止杂草生长，进而控制昆虫的过量繁殖，避免在感观上造成负面影响。

3.2　生态公园设计要素

3.2.1　设计概论

1. 立足生态文明建设，以城园融合为导向拓展无边界公园

（1）不断完善城市公园体系的建设。基于公园城市背景下的城市更新设计，首要推进的部分即在于城市公园体系的不断完善。公园体系属于城市基础设施体系中的重要部分，以绿色铆钉的形式对城市的形态予以锚固，同时也是对传统道路框架定城模式的突破性优化。自然生态本底的保护是城市公园体系建设的基本前提，凸显地域风貌以及彰显城市个性则是其内在的价值追求，城市公园体系的完善务求实现配置的层次化、分布的均匀化、功能的完善化、类型的齐全化，让身处其中的民众于出门时见绿，在步行中入园。

（2）不断优化绿色共享空间的布局。首先，秉持绿色福利全民均等化享受的理念，不断优化绿色空间布局，居民无论身处城市何处，见绿的距离不应超过300m，见园的距离不应超过500m，让广大的居民能够在较短的时间内即可到达绿色共享空间。其次，立足于合理增量，全面提升绿色共享空间的质量，大量的实践探索表明，在现有城市园林绿化建设基础上，通过科学的空间规划，按照横向以及纵向并举的方式进行空间的增加，是切实提升绿色共享空间的有效途径，具体而言，即横向上以复绿、补绿、增绿进行科学的生态修复，纵向上以屋顶、桥体等的立体绿化增加绿色空间。最后，不断推动公园管理模式的创新探索。务求管理兼具专业化与精细化，能够做到精准、高效地提供对应服务。

（3）构建起织补城市绿色空间的绿道绿廊网络。林荫路是绿道绿廊网络的基础单元，同时也是氤氲优美线性空间的重要组成部分，能够做到对绿色空间网络的织补，故而应当更为全面地予以推广。一是要紧扣《城镇绿道工程技术标准》（CJJ/T 304—2019），将城市绿道打造为连接自然生态与人文底蕴的纽带，在合理利用以及保护的基础上，建设环境亲和型的城市廊道体系；二是要充分挖掘绿道绿廊对城市多元功能的串联优势，让绿色廊道促进城市生态景观鉴赏、娱乐休闲、安全防护的深度融合，不同的功能之间形成优势互补、整体效益最大化的良好局面；三是把绿道作为直达不同规划区域的“交通干线”，经由城市绿道，居民可以便捷地步入绿色共享空间的不同部分之中。

2. 积极转变营城理念，以人居合宜为目标开展场景营造

（1）为民众营造舒适便利的生活环境。公园城市建设应从对城市功能要素的健全方面入手，扎实推进职住平衡。首先，要积极营造公园般的职住环境，密切结合居民日常生活的需要，科学地配置好充足的绿色共享空间，使之成为居民在忙碌的工作之后，开展休闲生活的第三空间。其次，建立旨在便利民众出行、与环境和谐融为一体的绿色交通系统，对街区路网结构予以持续不断的优化，大力发展低碳出行的交通工具，并辅之以林荫路推广下的绿色健康出行方式，建设好层次与密度均科学、合理的道路网系统。最后，打造布局均衡、辐射范围广的居民生活圈，构建基于信息化的社会生活服务平台并对其予以技术支撑。

（2）强化城市安全韧性。基于公园城市背景下的城市更新设计，需对安全韧性这一要素予以充分的重视，切实增强公园城市抵御相关灾害与威胁的能力。具体而言，可从下述路径入手：一是建立健全城市综合防灾体系，始终遵循“安全第一”原则，充分发挥其防灾避险功能，如城市绿色共享空间即可作为应急避险与安全隔离的重要场所；二是大力推行“海绵城市”理念，结合城市的实际特点，最大限度地发挥城市滨水区域的涵养功能，辅之以科学的透水铺装，强化对雨水的海绵体功能；三是要在城市中积极倡导绿色生活，从广度与深度两个层面推进节能减排，如采用绿色材料进行城市建设，推广清洁能源汽车等。

3. 依托文化创意驱动，挖掘地域资源以提高人文审美情趣

（1）依托历史文脉，深入挖掘人文底蕴。特别是在当前人们物质生活水准显著提升的背景下，来自精神层面的需求骤增，对文化性内容的需要日益增强。故而，公园城市建设必须依托所在城市的历史文脉，深入地挖掘其中的人文底蕴，给绿色共享空间增添丰富的文化韵味。为此，在公园城市建设的规划阶段，应为文化元素预留充足的发展空间，针对部分较为珍贵的区域文化资源，可在其基础上直接进行设计，目的在于使其更为自然地融入城市生态环境之中。再者，应以城市文化品牌的打造彰显城市的人文气质，提炼本地特质性文化元素，对其予以保护、传承的同时进行创新利用，使得浸润其中的居民得到身心的双重体验。

（2）积极融入现代文化元素。现代文化是根植于历次技术革命基础之上发展起来的具有时代特性的文化类型，不同的区域因其自身经济发展方式、生活方式的差异，会产生具有区域特质的现代文化。公园城市建设背景下的城市更新设计，以场景营造的方式融入现代文化元素。

3.2.2　总体规划

公园城市是“人、城、境、业”高度和谐统一的现代化城市，是新时代可持续发展城市建设的新模式，具有以下四大特征：一是突出了以生态文明引领的发展观；二是突出了以人民为中心的价值观；三是突出构筑山、水、林、田、湖、草生命共同体的生态

观；四是突出“人、城、境、业”高度和谐统一的现代化城市形态。在公园城市理念下，城市建设模式应实现三个转变：一是从“产、城、人”到“人、城、产”；二是从“城市中建公园”到“公园中建城市”；三是从“空间建造”到“场景营造”。

公园城市作为回应新时代人居环境需求、塑造城市竞争优势的重要实践模式，具有一系列体现时代特点的重要价值，包括绿水青山的生态价值、诗意栖居的美学价值、以文化人的人文价值、绿色低碳的经济价值、简约健康的生活价值与美好生活的社会价值。

公园城市将形成以绿色为底色、以山水为景观、以绿道为脉络，以人文为特质、以街区为基础的“人、城、境、业”和谐统一的新型城市形态。围绕“人、城、境、业”四大维度，形成构建公园城市的规划策略：一是围绕服务“人”，从居住、工作、游憩、交通等人的活动出发，营造“公园 + ”开放舒适的生活街区、优质共享的公共服务、富含活力的工作场所、丰富多元的游憩体验、简约健康的出行方式、融汇古今的人文感知和特色鲜明的人文生活；二是围绕建好“城”，从城市形态大美与内核支撑两大方面出发，塑造岷江水润、茂林修竹、美田弥望的大美田园，蜀风雅韵、大气秀丽、国际时尚的城市风貌和串联城乡、全民共享、功能多元的天府绿道，建设链接全球、外快内畅的国际门户枢纽城市与绿色高效、低碳智能的可持续发展智慧城市；三是围绕美化“境”，突显格局之美、生境之美、环境之美和绿境之美，构筑三生共荣的城乡格局与和谐共生的自然生境，塑造碧水蓝天的优美环境与绿满蓉城的公园绿境；四是围绕提升“业”，全面构建清洁高效的绿色能源体系，构建循环集约的绿色产业体系，营造“公园 + ”新经济与“公园 + ”新消费，如图 3-1 所示。

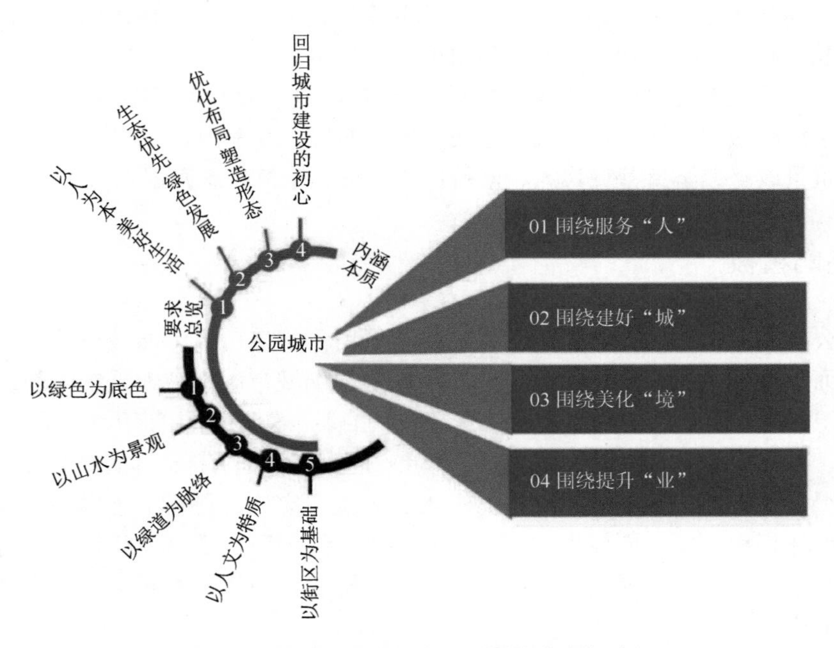

图 3-1　建设公园城市生态公园的维度与路径

同时，按照“可进入、可参与、景区化、景观化”的公园化要求，实施打造山水生态公园场景、天府绿道公园场景、乡村田园公园场景；将公园建设融入社区和产业功能区建设，打造城市街区公园场景、天府人文公园场景、产业社区公园场景。如图 3-2 所示，通过公园场景营建，实现习近平总书记 2018 年 2 月参加首都义务植树活动讲话中指出的“一个城市的预期就是整个城市就是一个大公园，老百姓走出来就像在自己家里的花园一样”的美好愿景！

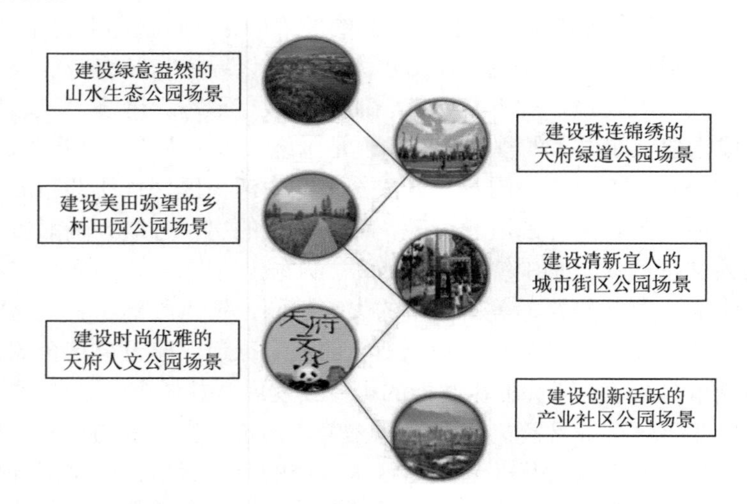

图 3-2　公园城市生态公园场景示意

以秀美的自然山水为基地，多元的文化元素为内涵，丰富的休闲活动为特色，建设兼具农业灌溉和生态修复功能的开放型城市生态公园。

构建大尺度生态管廊和碧水景观体系，推进大规模增绿增景和生态价值转化，建设人本慢行系统和城市空间，使宜人宜居成为城市的持久竞争力。

坚持筑景成势、坚持营城聚人、坚持内生外链、坚持有感发展。

3.2.3　岛屿植被

城市公园是城市居民日常休闲活动的重要场所，不仅可以彰显城市的文化形象和地域特色，而且是城市生态环境的“绿肺”，也是海绵城市雨水管理系统中的重要组成部分。将积涝严重、雨水污染、日常用水资源短缺的城市建设成具有环境优美、道路通畅、雨水储蓄、净化循环的生态海绵型公园是城市公园规划设计的新方向。“海绵城市”理念的运用使得公园绿地在下雨时地表自然吸水、渗透和净化，待需要时再将积存的水“释放”出来循环使用，使公园成为城市中的一块“海绵体”，更好地缓解城市内涝、减轻城市径流污染、增加雨水就地下渗、补充地下水资源、降低洪峰和减少洪流量，保护和改善城市生态环境。

城市公园水体设计策略如下。

（1）通过源头雨水收集打造集水景观。城市公园景观设计中收集雨水的方式主要包括：路面透水铺装、雨水花园、屋顶花园、下凹式绿地以及生物滞留设施（滞留带、生态树池、滞留池）等。通过对公园集水景观的优化布局，从源头实现对雨水的收集、下渗和净化，保护水生态环境。

① 透水铺装。常见的透水材料有透水水泥混凝土、透水沥青混凝土、透水砖等。透水性的优劣由铺设的材料和铺设结构决定，不透水的铺装多用于满足路面承载力较高的要求。在实际施工中，将透水与不透水铺装材料混合布局，设计形式多样的铺装图案，可有效收集雨水，控制铺装面的雨水径流，达到生态透水的目的。

② 雨水花园。雨水花园是城市公园设计中常见的一种透水形式，通过自然形成或人工挖掘浅凹绿地，快速渗透和存储来自地面的雨水，并通过草坪、灌木及各填充层的综合作用，使汇集的雨水得到自然净化，随后渗入土壤补充地下水，并通过分流管分流到所需区域。

③ 屋顶花园。集水景观并不局限于地面建设，建筑屋顶的排水也很重要。可以打造屋顶花园，直接在屋顶设计雨水的收集、渗透、净化、蓄水、排水等生态设施，有效减小地表径流，同时满足人们对景观功能的需求。对于一些老旧的公园建筑，由于难以满足屋顶荷载、防水等要求而无法做屋顶绿化，可以在建筑物周围设计生物滞留设施，将屋顶的雨水通过排水管引入生物滞留设施中。

④ 下凹式绿地。传统的下凹式绿地一般设在人行道两侧，低于周边铺砌地面或道路 20cm 以内，植物选择多数是易于维护的草地或低矮灌木。下凹式绿地包括生物滞留设施、雨水花园、渗透塘、湿塘、调节塘等，将雨水滞留在低洼绿地中，再下渗到地下，能够调蓄容积，净化径流雨水，从而降低地表径流的强度。

⑤ 生物滞留设施。生物滞留设施的作用是通过微地形调节，让雨水汇集到低处。生物滞留设施主要有生物滞留带、生态树池、生物滞留池等。在具体设计中需要注意，生物滞留设施边缘要与地面齐平或者开豁口，使雨水能有效地被引导至汇水区。

（2）通过中途雨水传输打造输水景观。传统的输水设施是输水管道或暗沟等灰色排水设施，处理手法较为单一，且无法在短时间内对大量雨水进行快速排放。目前使用较多的方法是植草沟和生态沟渠等，将单纯的排水设计转变为生态设施，既美化环境，又可减缓雨水径流速度，使雨水在迁移过程中被净化和渗透。植草沟是通过模拟自然绿地而建造的沟渠排水系统，其作用是为雨水下渗提供通道，具有可控性特点，适用于道路两旁绿化隔离带等狭长地带。植草沟的设计不拘泥于固定的宽度和形态，可因地制宜，根据场地的开阔程度决定其体量、坡度等，还可设计明渠排水，减缓径流速度，促进雨水蒸发，通过显性渠道将水输送至汇水区。

（3）通过末端雨水调蓄打造汇水景观。汇水景观具有调节区域洪流、维护植物多样性的作用，也有平衡城市公园内水环境关系的功能。通常的做法是对即将消失的湿地进行生态恢复，将钢筋水泥砌成的堤岸改造成河漫滩，把河道改建成弯曲自然的状态。此外，将公园旁的汇水景观区兼作排水通道，在遭遇特大暴雨时，将城市中的雨水快速排到下游河流。除自然湿地保护外，还应在城市公园因地制宜打造人工湿地，调蓄和净化周边雨水，对雨水进行过滤和净化，使其从池中溢出流入邻近的生态草沟，对植物进行灌溉。

海绵城市建设的六大基本要素包括渗、蓄、滞、净、用、排。植物配置能够蓄积及净化雨水，是解决雨水径流污染和水体存储、再循环利用的关键。区域内的水体或者蓄水景观小品等要素都需要植物烘托。在城市雨洪综合管理系统中，植物是收集水资源的重要组成部分，合理配置植物是维持雨水生态功能和雨水管理功能有效结合的重要条件。

3.2.4 建筑设计

在公园城市背景下，城市公园作为城市空间的重要部分受到广泛关注，而城市公园中的园林建筑、构筑物设计尤为关键。园林建筑作为城市公园中为人们提供休憩活动的场所，其设计目的是构建舒适宜人的环境，园林建筑设计中应充分考虑如何营造微气候舒适度。园林建筑不仅仅是人们休憩活动的空间，其建筑形式与周边环境合理组合，还可以调节城市公园的微气候。

（1）园林建筑应确定有利于通风的几何形态。半开敞空间微气候表现效果最好，半封闭园林建筑空间次之，封闭园林建筑空间最差。由于本次实测季节为夏季，东南—西北走向的空间能够疏通自然风，风热环境更加优于其他走向的空间。

（2）在改造提升时，应在公共空间尤其是人群聚集的景点处见缝插绿，加强遮阳植物的种植。此外，选取植物时必须充分考虑植物季相，同时种植模式上应尽量采取以乔灌草覆层种植为主，最大化植被的降温增湿效果。

（3）完善景观设施。在改造中，可依托现有大型乔木设置树池坐凳，或在建筑投影下的阴凉处结合廊架等提供遮阴纳凉的休憩场所。利用现代绿化结合园林建筑的做法，把绿化引入园林建筑，真正做成景观建筑，而不是单纯孤立的亭子。

（4）可根据场地条件增设水景。例如，顺应公园肌理设置水渠，结合公共空间营造小型水池、雾喷等。利用管道将水输送至园林建筑的四角，在四角装上雾喷头，在夏季炎热天气打开，均匀喷洒水雾，为园林建筑里的游人降温，增强游赏性的同时，起到一定的降温增湿功效，改善城市公园的微气候舒适度。

（5）优化园林建筑表皮。大部分园林建筑外表皮采用砖石材质，透光性差、吸热性强，太阳直射墙面则会使外立面温度升高，成为公园热源，因而可适当引入多样的垂直绿化和屋顶绿化，利用植物蒸腾作用来缓解建筑吸热。同时在建筑墙面的色彩选择上宜多选用浅色系材料，因为浅色在心理上给人以清凉的感觉。

（6）安装智能新型屋顶。园林建筑的顶部可安装滑动式天窗，利用智能太阳探头控制，根据太阳照射范围和角度，调整屋顶天窗位置和范围，使园林建筑在冬季需要阳光时变成温暖的阳光房，而在夏季炎热天气不需要阳光直射时调节或关闭天窗，为园林建筑提供阴凉。

（7）人体舒适度。夏季铺设石材优于木材，而冬季卵石类铺砖偏冷，只适合与其他材料混合使用。同时，布置下垫面还要整体考虑园林建筑的色彩、材质，故选择舒适度最高又与整体建筑和谐的下垫面。

（8）合理布置不同建筑形制的园林建筑。从遮阳效果考虑，封闭场馆＞亭子＞廊架＞张拉膜，而从通风方面考虑，封闭场馆效果最差，亭子、廊架和张拉膜由于没有围护结构，通风效果更好。东安湖公园休憩设施如图 3-3 所示。

图 3-3　东安湖公园休憩设施

3.2.5　景观设计

公园城市理念突出以人为中心的价值观，以人的获得感和幸福感为根本出发点，认为在新的发展阶段下，人对美好宜居生活的追求可拆解为对“绿水青山”“诗意栖居”“人文感知”“绿色生活”“简约健康”“社会包容”6 个方面的需求。正如相关学者所主张的，城市景观风貌包含人民生活生产的状态所呈现出来的城市气质、地域文化、情感内涵以及承载这些活动所需要的生态环境、空间场景和景观品质。同时，在林林总总的观点中，隐含了一个较为普遍的认识，即城市景观风貌主要划分为显性的物质形态（即“景”和“貌”）和隐性的非物质形态（即“观”和“风”）。公园城市景观风貌的内涵要素可分为自然景观风貌和人文景观风貌。其中，自然景观风貌要素包括体现“绿水青山生态本底”的自然地理生态和天人合一的思辨，以及承载“健康宜居美好生活”的开敞空间体系和绿色低碳的态度；人文景观风貌则包括体现“诗意栖居美学价值”的节点、轴线、标志物、色彩等空间形态要素和城市美学的认知，以及彰显“城市文脉以文化人”的文化载体、符号和地域文化传承。

3.2.6　导视系统及城市家具设计

东安湖公园在规划设计时，依托总体规划（一湖三区七岛），传承于文化策划（驿文化），服务于商业运营（一环引力环），形成一环、三区、七主题。一环：统一并串联整体公园形象；三区：突显三个区域的功能及特色；七主题：融入驿文化及七岛文化。

导视系统设计原则：依据人流动向、指示目的性，清晰地突出主题的原则；依照层级先后顺序，主次分明原则；遵从人体工程学原理，预计、观察人流高峰汇集点，使标识尽可能地做到“该有时有，该无时无”的原则。遵循直接、简单、连续的原则。遵照体量由大到小，内容由表及里，距离由近及远，密度由大到小的原则。遵循 5A 公园建设标准、智能、城市公园建设标准。

3.3 生态公园模糊评价

公园城市生态公园模糊评价体系试图贯穿创建公园城市的全程：从确定规划目标、现状研判、规划方案编制，再到项目实施、建成结果鉴定。本书的公园城市生态公园模糊评价体系构建，面向公园城市建设规划实践全过程，以实际的评价问题为导向，依据公园城市理论研究而立，因项目实践而成，随实际规划进程而反复调整、逐步成形。应用结果表明，该评价体系为公园城市规划发展目标的确立提供了前瞻时代的依据，为规划的编制注入了科学理性的内涵和理想追求，为将规划实施的责任传导落实到各政府职能部门提供了详尽的依据，在助力发展、树立公园城市价值观、普及公园城市思想理念、建设规划编制、推进公园城市创建等方面发挥了引领作用。以价值观为依据制定标准，以指标反映现实标准，进而对照指标对事物做出良莠优劣的判断，这就是评价。完整的评价体系由价值观、标准、指标三部分组成，指标用作反映、指示及对标标准，标准用来体现价值观，价值观源于世界观和哲学认知。构建生态公园模糊评价体系从价值观识别开始，到寻找标准，再到指标筛选、权重调整，这是一个三环相扣、缺一不可、环环反馈、循序完善的过程，如图 3-4 所示。

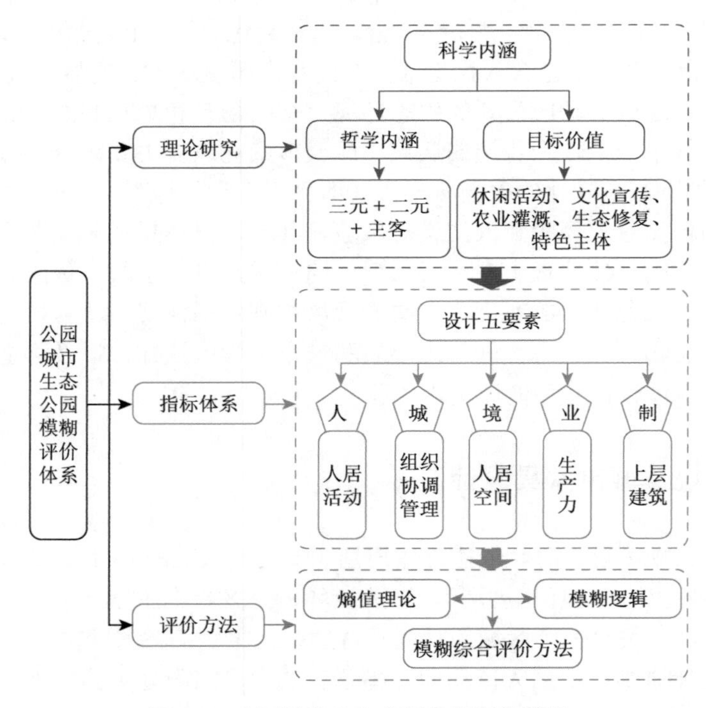

图 3-4 公园城市生态公园模糊评价模型

1. 公园城市的元素

诗意栖居、繁荣昌盛、和谐共享，公园城市集中体现了中华人居 5000 年来的实践和理想价值观。根据人居环境三元论，人居环境的活动、背景、建设是人居环境存在的三元素，城、乡村、旷野是其载体，社会制度、政策法规是其导向，载体和制度两元素的互动是人居环境发展的动力。公园城市是人居环境的一种理想，“人、境、业、城、制”正是人居环境的五元素在公园城市中的理想体现。

细解公园城市五元素的含义：“人”是指居、聚、游人居活动，包括三生关系，“人”是三生及各生关系的总和；“境”代表生态、生产、生活的人居空间，包括“天＋地”以及生产资料；“业”代表生产力，包括科技、效率、经济；“城”代表城、乡、野三类人居环境的组织、协调、管理；“制”代表上层建筑，涉及法律、制度、规则。公园城市的最大价值体现在通过五元素“五位一体”的统筹、协同、和谐联动，使每一元素与其他四元素良性关联、和谐相处而互赢互利，以求得“1＋1＞2”的结果，这也正是当代人与自然共同体生态价值的核心所在。

2. 公园城市五元素体现的哲学内涵

公园城市五元素体现的哲学思想是“三元耦合”＋“二元互动”＋“主客合一”。公园城市寻求“人、境、业”三元存在的互惠互赢，以保证生活、生态、生产“三生”的良性互动；“城、制”是构成公园城市物质与精神的“二元”，“城、制”的“二元互动”决定着城市的发展运营，是城市发展的原动力，公园城市所追求的是“城、制”良性“二元互动”的最大化。公园城市广大人民对于美好生活的主观意愿与公园城市建设的客观实情相辅相成，即“主客合一”。良性的“三元耦合”加“二元互动”，即实现“主客合一”，正是公园城市思想价值的哲学体现，其源头来自中国优秀的发展观哲学。

3. 公园城市的目标体系

公园城市从目标、观念、概念到实施内容、路径都需要不断发展，从实践中来并由实践引领。公园城市当前的目标是解决制约城乡人居环境发展的基本问题；前瞻未来的目标是构建应对未来时代的人居城乡格局；远大永恒的目标是建设实现城市、乡村、原野三位一体的理想人居环境。以公园城市五元素的价值观为依据，公园城市的目标体系包含5个目标。“人”的目标是建设文明城市，展开为健康、文化、自由3个子目标；“境”的目标是建设绿色城市，展开为生态平衡、环境保护、资源持续利用3个子目标；“业”的目标是建设永续城市，展开为产业经济、效益、增长3个子目标；“城”的目标是建设人民城市，展开为宜居、安宁、共享3个子目标；“制”的目标是建设和谐城市，展开为民主、公平、正义3个子目标。建设公园城市需要这5个目标的统筹，缺一不可。

4. 公园城市的评价准则标准

1）评价准则

如同制造模具的模具，制定评价标准的标准具有决定性的意义，本书姑且称为评价准则，评价标准需要基于准则制定。公园城市的评价准则是公园城市的原则、底线，分解至五元素，分别体现为：“人”的评价准则（身心健康、文化丰富、生活幸福等）、“城”的评价准则（环境安全、交通便捷、空间布局基本合理，基础设施齐全等）、“境”的评价准则（生态得以平衡、环境不受破坏、资源可持续利用等）、“业”的评价准则（经济发展和效益呈提升趋势并可持续增长等）、“制”的评价准则（社会民主自由、公平正义法制、制度合情合理等）。理论上，公园城市的评价准则由定性和定量两部分组成；实践中，评价准则更多地应用在原则性的定性把握上，定量性的底线把控则有待可量化的标准指标来实现。

2）评价标准

如表 3-1 所示，源自 5 项评价基准，本体系引出了 15 项公园城市评价标准。

表 3-1　公园城市生态公园价值观、评价准则、评价标准一览表

五元素	价值观	评价准则	评价标准
“人”	以人为本	身心健康	健康度
	建设精神文明	文化丰富	文化度
	人民至上	生活幸福	幸福度
“城”	城市宜居	安全便捷	宜居度
	空间合理	布局合理	合理度
	和谐共赢	设施完善	共享度
“境”	人与自然和谐共生	生态平衡	自然度
	建设生态文明	环境保护	环保度
	节约资源	资源永续	持续度
“业”	产业创新	积极繁荣	繁荣度
	效率提升	效益提升	效益度
	可持续发展	增长持续	增长度
“制”	社会平等	社会民主	参与度
	政治民主	公平正义	公正度
	生活自由	制度完善	自由度

“人”的 3 项评价标准：健康度是公民身心健康、社会医疗服务和防灾防疫设施充足与否的衡量标准；文化度是城市整体文化底蕴，包括各类城市文化载体在人类精神层面的广度和深度，以及地区人口素质、文化教育普及发展程度；幸福度是由城市环境质量和社会活动给公民带来的，基于自身满足感与安全感而产生的愉悦感受强度。

“城”的 3 项评价标准：宜居度是居住和空间环境、人文社会环境、生态与自然环境和清洁高效生产环境的适宜程度；合理度是城、乡、野 3 类空间布局形态、城市总体格局、城市功能组团和设施分布的合理程度；共享度是城市基础设施、公共文化设施、交通设施等公共服务设施的完善程度。

“境”的 3 项评价标准：自然度是城市生态系统完整和健康的整体水平；环保度是人类在生产、生活和健康等方面不受生态破坏与环境污染等影响的保障程度；持续度是城市为实现可持续发展而对资源利用的合理程度。

“业”的 3 项评价标准：繁荣度是社会公民个体或家庭就业、社会福利事业等方面的增长程度；效益度是国家总体经济产值增长、个人或企业单位获取较高的经济效益，进而提高整个社会经济发展速度的持续能力；增长度是与经济发展相关联的绿色和创新活动间接推动社会经济增长的程度。

"制"的 3 项评价标准：参与度是社会公民在以人为本的法规政策、治理机制下获得参与城市公共事务的水平；公正度是公民参与经济、政策和社会其他生活的机会、过程和结果分配公平公正的程度；自由度是社会公民积极参与政治决策的社会氛围，机构或政府在决策过程中能广泛听取、征求人民群众的意见和建议的程度。

3）评价标准的互赢

15 项评价标准之间的互动体现在互惠、互利、共赢。

对于"人"，良好的"境"提升健康度，合理的"城"和"制"促进文化积累，完善的"业"和"制"提升获得感、幸福感，同时，这些因素同样会反作用于"人"，"人"对提升诸标准水平的能动性不言而喻，甚至是决定性的。

对于"城"，宜居的城市为"人"提供了安全、舒适、便捷的生活条件，城市格局成为"境"的保障，合理的布局提升"业"的效率，标准的提升有利于城市管理运维；城市的共享可为"人"提供完善的服务设施，也促进"业"的健康发展。

对于"境"，"人"和"制"的合理利用、积极保护、科学管控都将使资源、环境、生态得到大大提升，反之，"境"的改善也能提升其余所有标准。

对于"业"，经济发展得益于"人"和"制"的提升，效益提升取决于"人"的科技创新和"制"的改革完善，增长来自"人"和"城"发展方式的转型。

对于"制"，民主在人人享受平等的同时，也赋予了人人应负的社会责任，推进城市管理细化至社区每家每户，直至每一位个人，为"人"全面、深入参与城市社会管理给予了制度保障；公正为从各群体到每一个"人"提供了公平公正的社会权益，使城市公共资源得到优先重视和充分共享，使发展各类产业来满足多方需求利益成为可能，反之，其余的所有准则和标准都在为"制"的实现发挥作用。

5. 公园城市评价指标体系

1）中国现行城市评价指标体系借鉴

虽然公园城市评价体系构建研究尚处于起步阶段，但中国有许多相关的现行城市评价体系可以借鉴，包含综合评价和专项评价 2 类，存在的共性问题是：指标缺少评价标准源头，评价缺乏理论依据；指标重叠且数量偏多，不便实际操作；评价缺少"因地制宜"的灵活对策。如表 3-2 所示，本指标体系借鉴现行各类评价体系中的指标 34 项，增加符合公园城市价值观的指标 4 项，提出创新指标 7 项。

表 3-2　公园城市五元素评价指标表

标准		指标	来源
健康度	1.1	常住人口平均预期寿命	成都公园城市评价体系
	1.2	18 岁及以上人群精神障碍患病率	现存标准
文化度	1.3	高级人才增长率	创新指标
幸福度	1.4	居民幸福指数	现存指标

续表

标准		指标	来源
宜居度	2.1	城镇人均防灾避险绿地面积	国土空间规划城市体检评估规程
	2.2	45min 通勤时间内居民占比	—
合理度	2.3	公园绿地与广场用地步行 300m 服务半径覆盖率	—
	2.4	社区卫生医疗设施步行 1000m 服务半径覆盖率	国家卫生城市评价标准
	2.5	社区小学步行 500m 服务半径覆盖率	国土空间规划城市体检评估规程
	2.6	社区初中步行 1000m 服务半径覆盖率	—
	2.7	社区文化设施步行 1000m 服务半径覆盖率	—
	2.8	社区体育设施步行 1000m 服务半径覆盖率	—
	2.9	美丽宜居乡村建设比率	创新指标
共享度	2.10	绿色基础设施投入比例	创新指标
	2.11	城市建成区人均公园绿地面积	国家森林城市评价指标
	2.12	万人拥有的绿道长度	国土空间规划城市体检评估规程
	2.13	每 10 万人拥有博物馆、图书馆、科技馆、文化馆、艺术馆等文化艺术设施数量	—
	2.14	人均体育用地面积	—
	2.15	每千人口医疗卫生机构床位数	—
	2.16	万人拥有全科医生数	现存指标
	2.17	千名老年人（60 周岁以上）拥有养老床位数	国土空间规划城市体检评估规程
	2.18	公共交通机动化出行分担率	—
	2.19	文物保护单位“四有”达标率	国家历史文化名城保护评估标准
	2.20	单位非遗项目传承保护活动数	—
自然度	3.1	综合物种指数	国家生态园林城市标准
环保度	3.2	年度环境空气质量（air quality，AQ）指数小于等于 100 的天数	—
	3.3	水环境达标率	—
持续度	3.4	水土流失治理率	创新指标
	3.5	河湖水面率	城市水系规划规范
	3.6	受损弃置地生态修复率	国家森林城市评价指标
	3.7	城市建成区绿地率	国家生态园林城市标准
	3.8	拟建或改造村庄绿化率	国家森林城市评价指标
	3.9	市域森林覆盖率	国土空间规划城市体检评估规程
	3.10	水岸改造绿化率	国家森林城市评价指标
	3.11	再生水利用率	国家生态园林城市标准
繁荣度	4.1	绿色 GDP 占比	现存指标
	4.2	高新技术产业产值占比	成都公园城市评价体系
	4.3	乡村旅游收入占比	

续表

标准		指标	来源
效益度	4.4	全员劳动生产率	国土空间规划城市体检评估规程
	4.5	公共事业投入资金年均增长率	创新指标
增长度	4.6	研究与试验发展经费投入占比	国土空间规划城市体检评估规程
参与度	5.1	注册志愿者人数占比	全国文明城市测评体系
公正度	5.2	城乡居民人均可支配收入比	国土空间规划城市体检评估规程
自由度	5.3	有关建设公园城市的法律、规范、标准、条例的数量	创新指标
	5.4	是否专门设立公园城市建设管理协调机构	

2）公园城市评价指标设定

公园城市评价指标体系应满足以人为本、层次性、区域性、可操作性、稳定性与动态性等原则。本书参照历史文化名城、丘陵城市、老工业城市、组群城市等特点，考虑中心城区、乡村地区和原野地区 3 种人居环境的不同发展诉求，从 15 项评价标准引申提炼，筛选出评价指标。

3）评价体系各指标的权重及评分

评价应采取加权打分法，以专家团队的判断为依据，对各指标逐层打分，得出单个指标的权重。评分标准的确定方法：①指标已在现行评价体系中使用，则取其最高标准；②指标是首次使用且已有现状数据，则参考现状提出评分标准；③指标过于创新，则参考其他相近指标或相关数据推算出暂行评分标准。采用 5 分制划定评分区间，代入目标城市特定年份数据得出每项指标的分值，计算加权平均数，作为该年度的公园城市建设综合得分：

$$\text{综合得分} = \sum W_i n_i \tag{3-1}$$

式中，W_i 为指标 i 的权重；n_i 为指标 i 的得分。当指标数据齐全时，综合得分为 1；当数据不全时，可计算部分指标的加权平均数作为参考。

（1）熵值理论。香农（Shannon）将熵引入信息论中，指标的信息熵越小，信息的无序度越低，其信息的效用值越大，指标权重也就越大。熵值法依附于较多客观数据得出熵权，适用于复杂多元的指标权重确定。权重确定步骤如下。

① 数据矩阵。现有 m 个评价等级，n 个评价因素，建立如下数据矩阵。本书通过专家对项目评价元素进行打分获得等级评判结果，根据评判结果确定数据矩阵：

$$\boldsymbol{A} = \begin{pmatrix} X_{11} & X_{12} & \cdots & X_{1n} \\ X_{21} & X_{22} & \cdots & X_{2n} \\ \vdots & \vdots & & \vdots \\ X_{m1} & X_{m2} & \cdots & X_{mn} \end{pmatrix} \tag{3-2}$$

② 非负数化处理。若数据中有负数，就需要对数据进行非负化处理。对评价对象越大越好的指标：

$$X'_{ij}=\frac{X_{ij}-\min(X_{1j},X_{2j},\cdots,X_{nj})}{\max(X_{1j},X_{2j},\cdots,X_{nj})-\min(X_{1j},X_{2j},\cdots,X_{nj})}\quad(i=1,2,\cdots,n;\ j=1,2,\cdots,m)\tag{3-3}$$

对评价对象越小越好的指标：

$$X'_{ij}=\frac{\max(X_{1j},X_{2j},\cdots,X_{nj})-X_{ij}}{\max(X_{1j},X_{2j},\cdots,X_{nj})-\min(X_{1j},X_{2j},\cdots X_{nj})}\quad(i=1,2,\cdots,n;\ j=1,2,\cdots,m)\tag{3-4}$$

③ 计算第 j 项指标下第 i 个方案占该指标的比例：

$$P_{ij}=\frac{X'_{ij}}{\sum_{i=1}^{n}X'_{ij}}\quad(j=1,2,\cdots,m),\qquad \sum_{i=1}^{n}P_{ij}=1\tag{3-5}$$

④ 计算第 j 项指标的熵值：

$$e_j=-k\times\sum_{i=1}^{n}P_{ij}\ln P_{ij}\tag{3-6}$$

⑤ 计算第 j 项指标的差异系数：

$$g_j=1-e_j\tag{3-7}$$

⑥ 求权数：

$$M_j=\frac{g_j}{\sum_{j=1}^{n}g_j}\quad(j=1,2,\cdots,n)\tag{3-8}$$

⑦ 由以上步骤可求得其他指标相应权重，熵权的客观评价指标权重向量为

$$\boldsymbol{m}=(m_1,m_2,\cdots,m_n)\tag{3-9}$$

（2）模糊逻辑。模糊逻辑是通过二进制逻辑扩展到部分隶属度领域而形成的多值逻辑，是模糊数学的延伸，它根植于模糊评价中。模糊综合评价步骤如下。

① 建立评价因素论域：

$$\boldsymbol{U}=\{u_1,u_2,\cdots,u_n\}\tag{3-10}$$

式中，$\boldsymbol{U}$ 为综合评价中各评价因素的集合。

② 建立评语等级论域：

$$\boldsymbol{v}=\begin{bmatrix}v_{11}&v_{12}&\cdots&v_{1m}\\v_{21}&v_{22}&\cdots&v_{2m}\\\vdots&\vdots&&\vdots\\v_{n1}&v_{n2}&\cdots&v_{nm}\end{bmatrix}^{n\times m}\tag{3-11}$$

式中，$\boldsymbol{v}$ 为评价等级集合，即评价对象的变化区间。

③ 构建模糊关系矩阵：

$$\boldsymbol{r}=\begin{bmatrix} r_{11} & r_{12} & \cdots & r_{1m} \\ r_{21} & r_{22} & \cdots & r_{2m} \\ \vdots & \vdots & & \vdots \\ r_{n1} & r_{n2} & \cdots & r_{nm} \end{bmatrix}^{n\times m} \tag{3-12}$$

式中，$\boldsymbol{r}$ 为单因素评价结果；r_{nm} 为被评价对象的某一单因素对评价结果区间的模糊评价等级论域的隶属度值。$\boldsymbol{r}$ 由隶属函数确定，本书通过专家打分法得到。

④ 确定评价因素的模糊权重向量。根据评价因素对评价对象的影响不同，体现为不同的赋权值，即熵值法所求得的指标权重向量 $\boldsymbol{m}=(m_1, m_2, m_3, \ldots, m_n)$

$$\sum_{i=1}^{n} m_i = 1 \tag{3-13}$$

根据上述步骤确定，改进模糊综合评价：

$$\boldsymbol{b}=\boldsymbol{mr} \tag{3-14}$$

⑤ 项目评价分值计算。计算评价对象最终得分：

$$\boldsymbol{d}=\boldsymbol{bc} \tag{3-15}$$

式中，$\boldsymbol{c}$ 为百分制表示的 5 个评价等级的分数所构成的列向量。根据上述评价算法描述，构建基于熵值法的改进模糊综合评价流程，如图 3-5 所示。

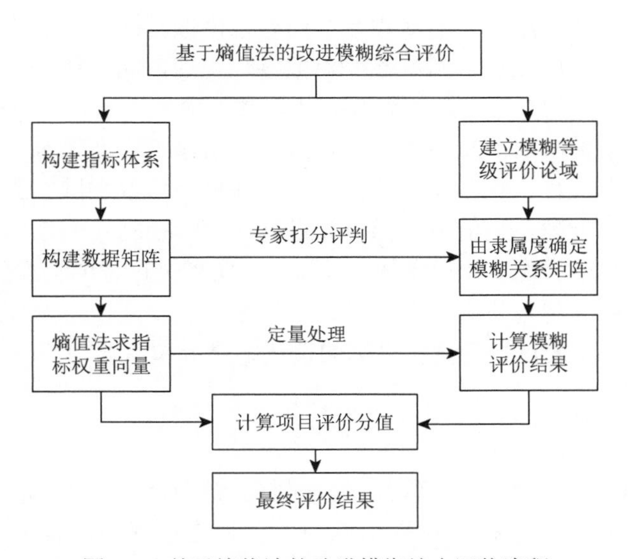

图 3-5　基于熵值法的改进模糊综合评价流程

在改进模糊综合评价过程中，数据矩阵和模糊关系矩阵都可以通过专家打分评判得出，实现一套数据两用，即“一矩两用”，简化了以往在层次分析法中既要通过专家经验对同层级评价元素两两对比得出对比矩阵，又要求专家对不同层级评价元素进行等级评判得到模糊关系矩阵，还要通过这两套数据进行一系列量化处理的烦琐流程，克服了因主观性较强致使评价结果失真的弊端。

3.4　景观虚拟设计与优化

设计一般指有目标、有计划地进行技术性的创作与创意活动，是把设想通过合理的规划、周密的计划并通过各种方式表达出来的过程。人类通过劳动改造世界，创造文明，创造物质财富和精神财富，而最基础、最主要的创造活动是造物。设计便是对造物活动进行预先的计划，可以把任何造物活动的计划技术和计划过程理解为设计。

随着计算机技术的不断发展，虚拟现实技术越来越完善，成为当前铸造业、制造业、装配业等相关领域中重点应用的技术。该技术能将实际的物品信息转化成数字信息，在多维空间中建立三维立体模型，通过相关的硬件设备实现人机交互。通过虚拟的环境进行物品结构设计、外形构造、镶嵌匹配等工作，提高了生产率，提升了经济效益。但随着高精尖技术的发展，现在的实体物品设计越来越精细，越来越复杂，传统的虚拟设计已经不能满足技术的发展。因此进行基于三维虚拟景观的建模，以此为基础进行景观虚拟设计，为该技术的发展提供技术思路。

3.4.1　数字孪生

数字孪生技术是以高度仿真的动态数字模型来模拟验证物理实体的状态和行为的技术，旨在以虚映实、以虚控实。刘占省[18]对数字孪生的内涵及特点、发展历程、应用现状及发展趋势做了详细的介绍，从概念上来看，数字孪生技术有 5 个核心点：一是物理世界与数字世界之间的映射；二是动态的映射；三是除了物理映射之外的逻辑、行为、流程的映射，如生产流程、业务流程等；四是物理世界与数字世界的双向映射关系，即数字世界通过计算、处理，也能下达指令、进行计算和控制；五是全生命周期，数字孪生建立的虚拟数字模型与现实物理实体是同步的，实现全过程的交互反馈。但简而言之，数字孪生就是通过建立建造目标的全场景、全信息、全要素模型，以可视化的方式在虚拟世界里展示出来，并用以指导真实目标的设计、建造和运营。

1. 数字孪生的概念

数字孪生是以可视化的虚拟空间建模复制现实物理实体，提高产品研发和制造的生产精度和效率。数字孪生技术自提出以来，在制造业等领域有了大规模的应用，数字孪生技术可以贯穿产品的整个生命周期。目前，国内外大量专家学者正在研究和应用数字孪生技术。数字孪生的实现主要依赖高性能计算、先进传感器采集、数字仿真、智能数据分析、VR 呈现，实现对目标物理实体对象的超现实镜像呈现，对产品进行性能预测和健康评估。通过分析数字孪生的内涵，可以总结出数字孪生具有的五大典型特征，即互操作性、可扩展性、实时性、保真性和闭环性。数字孪生的典型特征如图 3-6 所示。

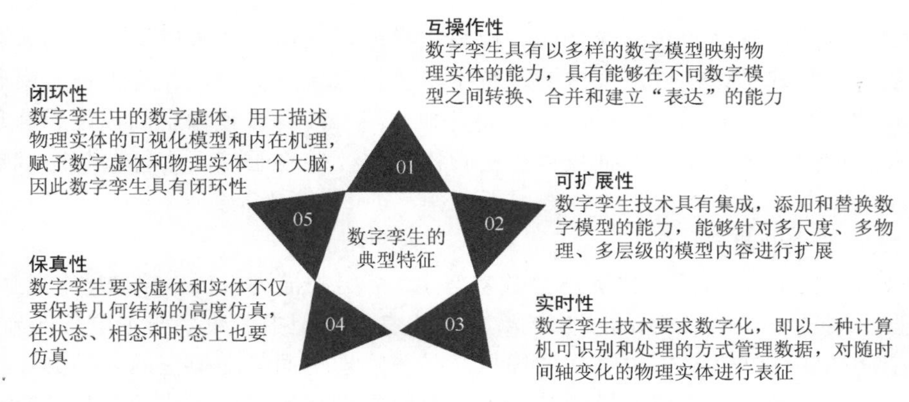

图 3-6　数字孪生的典型特征

2. 数字孪生的研究现状

随着数字孪生技术的快速发展，其在无形中已经融入我们的生活，并起到越来越重要的作用。20 世纪 60 年代就产生了数字孪生的雏形，1961～1972 年，在阿波罗项目中美国国家航空航天局（National Aeronautics and Space Administration，NASA）为实际飞行器制造了一个“孪生”飞行器。通过对数字孪生相关文献的查阅，本书将数字孪生技术的发展历程分为 3 个阶段：2003～2010 年为萌芽期；2011～2014 年为起步期；2015 年以来为成长期。数字孪生发展历程如图 3-7 所示。

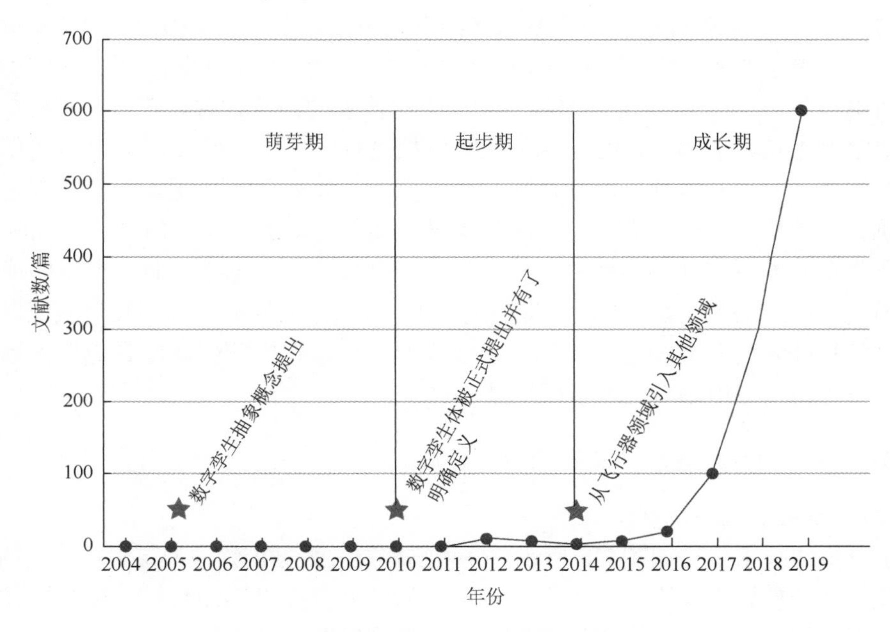

图 3-7　数字孪生的发展阶段

1）数字孪生的萌芽期

2003 年，美国密歇根大学的格里夫斯（Grieves）教授提出了“与物理产品等价的虚拟数字化表达”概念，指出孪生的虚拟数字模型可以通过仿真模拟产品的状态及行为抽象映射出物理实体的性能。自此，数字孪生技术崭露头角，并逐步被应用于航空航天领域。2003～2010 年，Grieves 教授将此概念进一步称作镜像空间模型和信息镜像模型。在此期间，数字孪生的抽象概念被首次提出，并用于航天飞行器状态维护和寿命预测。

2）数字孪生的起步

2011 年，Grieves 教授正式提出“数字孪生”，用来描述概括虚拟映射、交互反馈，随后一直沿用至今。在 Grieves 提出的数字孪生参考模型中，数字孪生由三部分组成，即物理空间的实体产品、虚拟空间的虚拟产品、物理空间与虚拟空间之间的连接数据和信息。至此，数字孪生概念模型被引入虚拟空间进行数字化表达，使物理空间与虚拟空间能够实时交互。2011 年，NASA 在其技术发展路线图的模型、仿真、信息技术与处理领域提出了“数字孪生体”的概念，并在 2012 年正式给出了“数字孪生”的明确定义。

随着“数字孪生体”被正式提出，有了明确定义的数字孪生技术迎来了新的发展契机。例如，针对飞行器在运维阶段性能评估困难和剩余寿命预测不精确等问题，2011 年美国空军研究实验室将数字孪生体引入飞行器工程。2012 年，美国空军研究实验室提出了“机体数字孪生体”的概念：机体数字孪生体是正在生产和运维的现实机体的高精度写照，能够用来仿真模拟并评估机体能否满足任务条件。

3）数字孪生的成长期

2017 年，数字孪生体的应用模型由西门子公司正式发布；美国参数技术公司（PTC 公司）在 2017 年推出基于数字孪生技术的物联网解决方案；数字孪生技术在法国达索公司、美国通用电气公司、法国 ESI 集团等企业产生了巨大的经济效益。在这一时期，国内也在探索数字孪生技术的理念，并在制造业等领域进行了应用。例如，随阳等[87]研究了航空发动机模型，并将其概念应用到数字孪生工厂中；郭东升等[88]探索了数字孪生车间建模解决航天结构构件制造车间物理空间与信息空间缺乏动态感知的问题；陶飞等[89]设计了数字孪生车间的系统架构，并总结出信息物理融合的理论基础与数字孪生的成长期为 2015 年至今，数字孪生技术扩大了其应用范围，从飞行器领域拓展到其他领域。未来，随着新兴信息技术的发展和进一步融合，数字孪生技术和产业生态都有望迎来爆发期，数字孪生将与新型应用场景更加紧密地结合。

3. 数字孪生的应用现状及发展趋势

1）数字孪生的应用现状

数字孪生的技术架构如图 3-8 所示，分为物理层、数据层、模型层、功能层四层。数字孪生技术架构的四个层面相互关联，物理层为模型层提供感知数据，模型层又为物理层提供仿真数据；在数据层中可以对物理层和模型层的数据进行采集、传输、预处理、处理，从而实现对产品的描述、诊断、预测、决策。当前正是数字孪生技术的成长期，通过对数字孪生技术架构的分析，可以总结出数字孪生技术的主要应用层面。本节主要从数字化工厂、智慧城市、智能建筑三个方面分析数字孪生理念的应用。

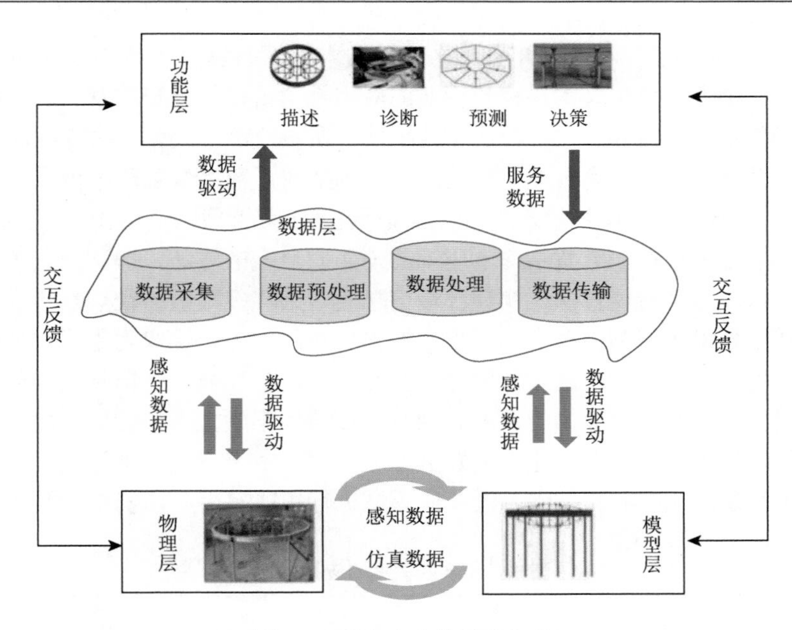

图 3-8　数字孪生的技术架构

（1）数字化工厂。随着数字孪生等技术在制造业中广泛应用，传统、单一的制造模式已经逐步转变为现代化的集成生产模式，从而为制造业和制造技术的发展提供了一个新的途径，即数字化工厂。陶飞等[89]提出了数字孪生车间并基于车间孪生数据的信息物理融合理论，明确了今后数字孪生车间发展所需的关键技术。Rios 等[90]提出了通用产品的数字孪生体定义，将数字孪生由复杂的飞行器领域向一般工业领域进行拓展和推广。Bicocchi 等[91]研究了数字工厂的互操作性架构，并提出了一个面向服务和数据共享体系结构特征的数字孪生应用框架。隋少春等[92]通过分析数字孪生和人工智能技术的特点，实现了数字化车间的智能控制。数字化工厂的建立和广泛实践，使数字孪生技术得以应用于产品的整个生命周期，有效缩短了新产品的生产周期，为制造行业在新经济形势下的发展提供了新的途径。

（2）智慧城市。随着移动互联网、云计算、大数据等新一轮信息通信技术的发展，智慧城市逐渐成为城市建设的重要发展趋势。在智慧城市的建设和发展过程中，数字孪生的理念也得到了进一步的应用。基于物理城市、虚拟城市、城市大数据、虚实交互、智能服务之间的关系，可以搭建数字孪生城市的运行框架。我国政府已将数字孪生城市作为实现智慧城市的必要途径和有效手段，在雄安新区的规划中致力于将雄安打造为数字城市。而中国信息通信研究院也成功举办了 3 次数字孪生城市研讨会，并得出了一系列理论研究成果。需要注意的是，在数字孪生理念应用于智慧城市建设的过程中，要明确智慧城市管理服务的动态实现与虚拟地理环境是紧密联系的。未来十年，智慧城市的主要工作就是打造数字孪生城市，其根本目的是产生新的应用、社会价值及生产力。而城市运营流程的数字孪生化主要包括智慧政务、数字政务等内容。数字孪生驱动的智慧城市能够达到虚拟服务现实、模拟仿真决策、智能化发展的目标。

（3）智能建筑。近年来，随着现代化信息技术的不断提升和应用，建筑行业获得了很大的发展，其中数字孪生技术在建筑行业的应用推动了智能建筑的发展。傅丽芳[93]在建筑测量方面提出数字化监测方法，解决了传统建筑质量监测中误差过大等问题。韩佳等[94]设计了火灾自动报警系统，为智能建筑的防火控制搭建了数字孪生理论体系。罗钢等[95]研发了基于 BIM 的绿色智能运维管理平台，实现了运维过程的数字孪生化。在智能建筑运维方面，不少专家学者正在研究数字孪生驱动的消防安全疏散方法，即利用建筑信息建模技术和物联网技术，结合智能算法，实现环境信息实时采集及疏散路径规划等。在建筑装饰方面，随着数字技术的不断完善，虚拟现实技术驱动的室内装饰成为主流。另外，室内设计也在创造性地使用互联网空间设计平台。由此可见，在建筑的装饰领域，数字孪生技术已经有所应用，并不断提高装饰的精度。同时，在数字孪生技术架构下，建筑的施工和运维不断智能化，这也促进了智能建造的发展。近年来，数字孪生理念得到了进一步发展和推广，逐渐由复杂的飞行器领域向一般工业领域进行拓展应用，如表 3-3 所示。

表 3-3　数字孪生的应用领域

应用领域	具体应用
航空航天	航天器预测维护、航天器故障分析、装配线监控优化、航天器安全和安全管理
电力行业	涡轮器预测维护、电厂的健康管理、电网规划及运营维护
汽车制造	设计验证、故障预测维护、燃油效率优化、汽车性能测试
油气行业	远程监控、资产管理、生产优化、故障检测、维护计划
健康医疗	健康监测、心脏病研究、个性化医疗、资源分配、员工安排
船舶航运	生命周期管理、故障预测维护、工艺优选、降低油耗
城市管理	实时监控、城市规划、政策制定、混成自动电压控制（hybrid automatic voltage control，HAVC）
智慧农业	种植监测、家畜健康监测、动物运动跟踪、农场机器跟踪、病虫害和农药监测
建筑建设	进度监测、预算调整、工人安全监测、建筑质量评估、提高设备使用率、资源分配和废弃物跟踪
安全急救	减轻现有风险或危害、灾难性灾害预防、安全网络保护
环境保护	水资源管理、森林利用和管理

2）数字孪生的发展趋势

随着新型信息技术的进一步发展与融合，数字孪生技术将融入更多领域，发挥巨大的作用。从宏观上看，数字孪生将成为数字社会人们认识和改造世界的方法论。从中观上看，数字孪生技术将推动社会治理和工业生产向数字化方向转型。从微观上看，数字孪生落地的关键是“数据 + 模型”，且亟待分领域、分行业编制数字孪生模型全景图谱。数字孪生的出现是信息化发展到一定程度的必然结果，数字孪生正成为人类解构、描述、认识物理世界的新型工具。

随着建筑业的转型升级，数字孪生技术得以应用于建造领域并推动了智能建造的发展，这是数字孪生技术的一个重要发展方向。数字孪生技术在智能建造中的应用将实现以下作用：①通过感知设备采集建造过程中的数据信息，对建筑物实体的各要素进行监测和动态描述，提高施工的效率；②在数字孪生技术架构下，数据处理层可以分析历史数据，检查结构性能变化的原因，并揭示各类建造风险的关系，对施工现场起到指导作用；③数字孪生驱动的建造过程对结构的监测起到关键作用，可以智能地定位结构损伤位置，判定损伤程度，评估安全性能。

3.4.2　虚拟设计

虚拟设计技术是由多门学科先进知识形成的综合技术，其本质是以计算机支持的仿真技术为前提，在产品设计阶段，实时、并行地模拟产品开发全过程及其对产品设计的影响，预测产品性能、制造成本、可制造性、可维护性和可拆卸性等，从而提高产品设计的一次成功率。它有利于更有效、更经济灵活地组织生产制造，使工厂和车间的设计与布局更加合理、有效，以实现产品的开发周期及成本最小化、产品设计质量最优化、生产效率最高化。

1. 三维虚拟景观建模

1）描述景观外形结构

三维景观建模针对景观总体特点，进行分布式的形态描述：①利用照相机进行离散数据采集、摄像机拍摄连续视频；②数据经处理后生成实际全景图像；③利用 AutoCAD 或者 3Ds Max 进行景观环境图像处理；④将全景图像组织起来，生成虚拟空间，操作者在虚拟空间中进行仰视、俯视、近景、远景等操作；⑤对实景进行几何数据设定，描述景观形态，令所描述的景观形态满足如图 3-9 所示的多重空间。建立虚拟景观模型时，要利用上述描述空间建立单个模型组件，并将变动的因素按照变化特点植入描述空间中，以建立虚拟景观几何造型。

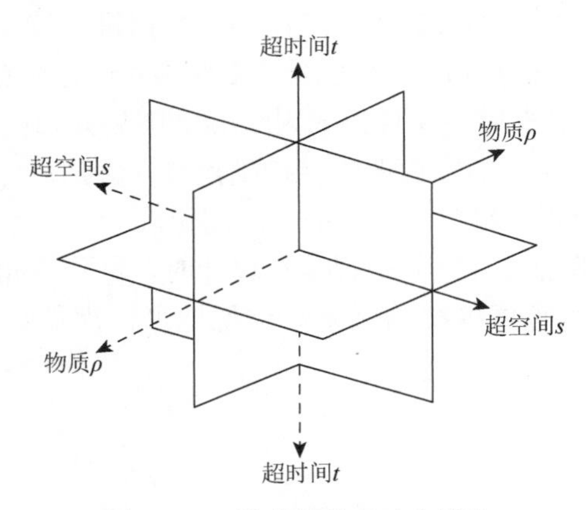

图 3-9　三维虚拟景观动态描述

2）分析景观属性

在利用动态描述空间进行景观外形结构描述的基础上，对景观的外在和内在属性进行分析。景观外在属性的映射关系如图 3-10 所示，图中 x, y 表示横、纵坐标；z 表示空间维度；$\mathrm{d}s$ 、$\mathrm{d}A$ 表示映射面。现实景观中大多数物体的外表都存在纹理，因此对虚拟景观进行建模时，要考虑这些纹理给模型带来的颜色、明暗差异，采用相关种子点匹配法对纹理进行属性切分并分析其特征，计算过程如下：

$$L = \varphi(j) f(x, y) - a_n x_i^2 + b_n y_i^2 + c_n x_i y_i \tag{3-16}$$

式中，L 为景观属性；$f(x, y)$ 表示纹理变化的迭代式特征函数；x_i 表示纹理在定点 i 处的横坐标；y_i 表示纹理在定点 i 处的纵坐标；a_n、b_n、c_n 分别表示 n 个纹理与时间、空间以及物质之间的匹配常数；$\varphi(j)$ 表示实际景观中物体纹理的趋势走向。利用扫描仪对物体进行表征扫描，使用制图软件将物体的纹理绘制成二维平面图形，并根据特征匹配法将图形映射到上述景观几何造型中，在绘制物体表面时要注意相应的物体颜色，应用函数纹理（如二维纹理图案）作为景观的几何纹理。至此，基于三维虚拟景观的建模完成。

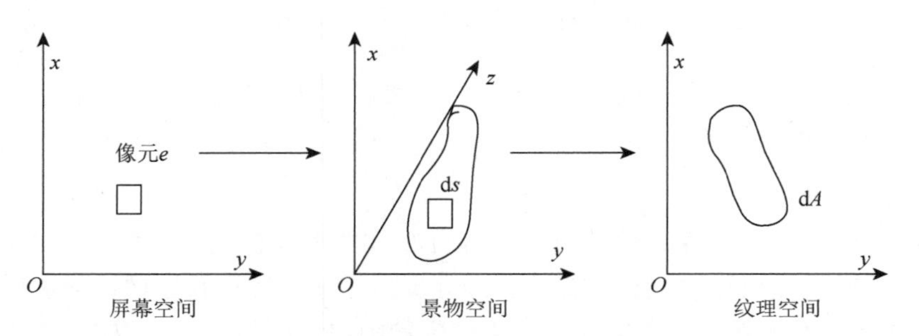

图 3-10　景观外在属性映射关系

2. 三维虚拟景观虚拟设计

1）搭建虚拟景观整体造型

在虚拟景观模型搭建完毕的基础上，对图中的数据进行校正。将制作的图像上传到 Photoshop 9.0 中进行数据预处理，再以*.tif 的文件格式进行保存，然后将该文件上传到 ERDAS IMAGINE 软件中，此时的文件格式为*.img，随后开始校正。坐标校正分为两步：首先，选用拥有实际坐标系统的视窗图进行控制点选择；然后，将景观的实际坐标输入软件中，进行图像删改校正，得到校正后的精准图像。

以三维景观模型为基础进行室外虚拟景观设计时，利用三角形对点法将地形数据转换为数字信息，采用三维数据模拟构造景观虚拟地形，虚拟后的室外景观地形特征如图 3-11 所示。

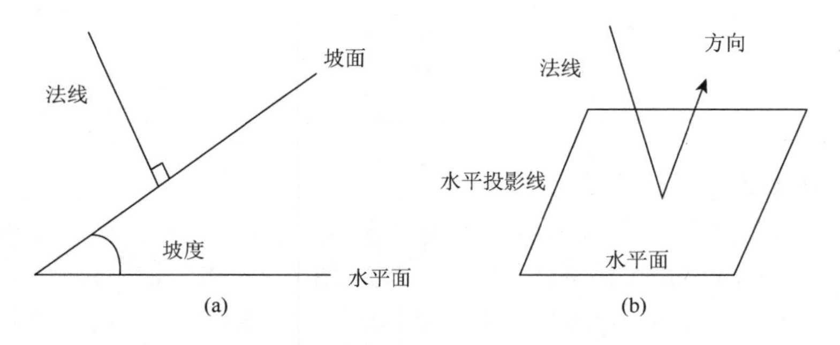

图 3-11　室外景观坡度设计示意图

根据图 3-11 可知，以网格平面为基础，设计景观的坡度与坡向，法线在水平面上的投影与实际朝向的夹角为坡向，而坡度是三维平面与水平面之间的夹角。对两点之间的坡度（α）进行计算，公式为

$$\alpha = \frac{\mu_a - \mu_b}{d_{ab}} \times 100\% \tag{3-17}$$

式中，μ_a 表示最高位置点 A 处的等高线数值；μ_b 表示最低位置点 B 处的等高线数值；d_{ab} 表示最高点 A 与最低点 B 之间的水平距离。再对室内景观进行虚拟设计，此时同样利用建立的虚拟景观模型，将室内景观成像搭建出来。然后将室内和室外的虚拟景观模型进行组装，将室内景观模型与室外景观进行拼接，并根据比例、角度等数据进行方向与摆设调整，搭建虚拟景观的整体三维造型。

2）三维造型动态浏览

在完成虚拟景观整体三维造型设计后，对该虚拟景观进行动态浏览显示操作，查看三维造型的虚拟效果。同时分析虚拟景观中每一个区域内景观造型的属性，设置光源点和可视点，对三维虚拟景观进行外形结构、内部构造的动态画质浏览，并根据实际状况进行色彩渲染。制作动态的三维效果图时，需要对复杂的三维实体进行三角化处理，并对三维网格数据进行光滑处理，保证动态浏览的流畅性。因此，基于硬件设置加入接口语言。

为了降低数据重复记录次数，利用扇形的方式进行虚拟景观表现节点位置划分，并根据景观内模型的属性和关联程度，设置虚拟动态演示轨迹，实现对虚拟景观的动态浏览。

将虚拟后的景观模型进行远景、近景拉伸，而在进行动态拉伸时，虚拟场景的比例、结构状态不应受动态拉伸的影响，保证模型的动态图像轮廓只随着帧数的变化而发生动态改变，由此实现三维景观的虚拟设计。

3. 仿真实验

为了验证所设计的三维虚拟景观反映真实景观的能力，选取某一处实际景观，利用 Virtual Reality Platform 软件，分别使用本书的方法和传统方法进行三维景观虚拟设计，检验两种设计方法下三维虚拟景观的艺术效果。

1）实验准备

搭建实验用的仿真测试平台，硬件设施包括大型三维立体液晶显示屏、图形工作站、计算机、立体眼镜、扫描仪、数码相机、摄像机等。实验平台的各项参数如表 3-4 所示，实验参数设置如表 3-5 所示。

表 3-4 实验平台参数

名称	参数设置
服务端系统	Windows Server 2016
服务端硬件	内存 4GB 以上，硬件容量 256GB 以上
服务端服务器	Ggda-25T5 专用服务器

续表

名称	参数设置
服务端数据库	Oracle 10g
客户端浏览器	IE 11.0
客户端硬件	内存 2GB 以上，硬件容量 156GB 以上
测试记录工具	DevTest

表 3-5　实验参数设置

名称	实验参数
数据信息量/GB	10～100
系统内存/GB	128
运行内存主频率/MHz	500
CPU 主频率/MHz	330

参数设置完毕后，对进行虚拟设计的场景进行数据信息统计，包括纸质地形图、建筑构造图、占地现状图等数据。利用扫描仪对景观的地形图纸等进行扫描，将得到的数据上传到实验平台，建立三维场景虚拟景观模型，并将场景模型导入 3Ds Max 软件中。

为了更好地区别两种设计方法下的三维虚拟场景，本书划分了 10 个不同的场景，详细数据如表 3-6 所示。

表 3-6　场景数据分析

场景序号	包含定点数/个	对象数/个	三角面片数/片
A1	14352	233	7332
A2	15654	241	7417
A3	56	11	39
A4	52	9	38
A5	47	13	25
A6	41	10	22
A7	38	7	22
A8	35	7	21
A9	21	5	11
A10	17	4	8

根据表 3-7 中的景观数据，进行景观三维虚拟设计，然后根据得到的设计图像进行效果分析。

表 3-7　虚拟景观艺术效果

位置序号	实验组艺术效果/%	对照组艺术效果/%
1	95.45	89.32
2	95.28	89.50
3	96.37	89.50
4	96.60	88.95
5	95.60	89.24

2）结果分析

将本书方法设计下的虚拟效果图作为实验组，传统方法设计下的虚拟效果图作为对照组，得到如图 3-12 和图 3-13 所示的景观虚拟效果设计图。

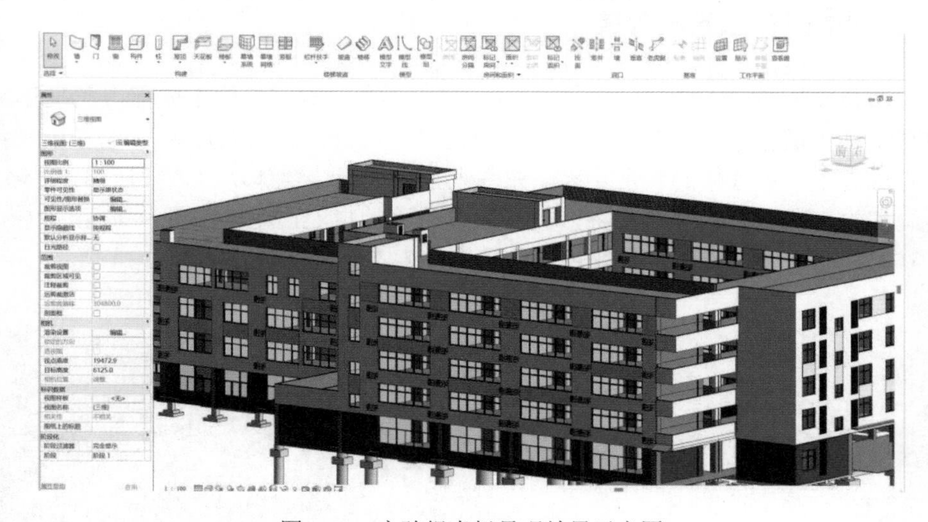

图 3-12　实验组虚拟景观效果示意图

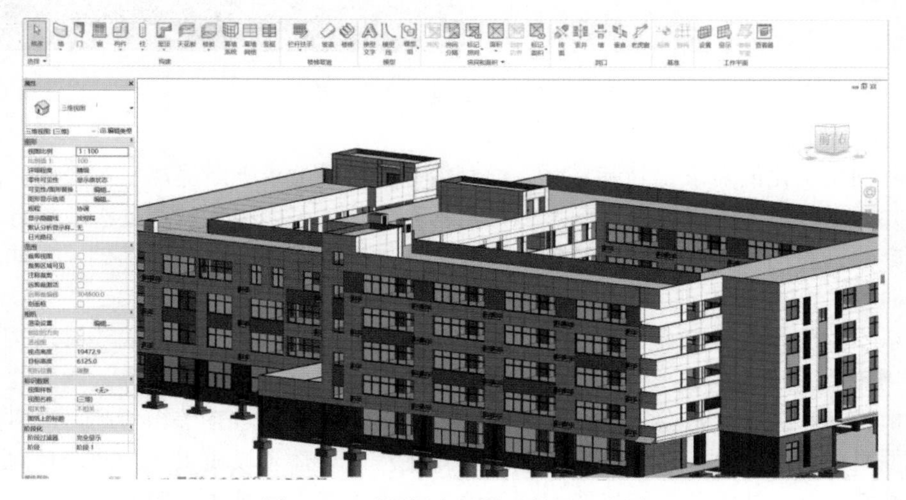

图 3-13　对照组虚拟景观效果示意图

通过对比图 3-12 与图 3-13 可知，实验组的虚拟场景内部结构清晰、色彩渲染合理、逼真度高，给人的视觉效果更好；而采用传统设计方法的对照组，内部结构不清晰、色彩融合度较低，没有给人三维视觉冲击感。针对这两组虚拟设计效果图，对其中的 5 处艺术效果进行统计，根据表 3-9 计算得到的结果可知，实验组的艺术效果均为 95%以上，平均值为 95.86%；而采用传统设计的对照组艺术效果均为 90%以下，平均值为 89.30%，比实验组的艺术效果低了 6.56%。

基于三维虚拟景观的建模和虚拟设计，更加注重景观模型之间的匹配度，其利用边缘相关性种子点匹配方法，将景观虚拟图像按照其特点和属性进行分割，实现虚拟景观在室内和室外两方面的虚拟设计，提升虚拟成像的艺术效果。研究结果表明，所设计的虚拟景观成像效果好、造型逼真、结构清晰，有更高的应用价值。

3.4.3　设计案例：东安湖公园

东安湖公园紧邻第 31 届世界大学生夏季运动会主体育场，位于成都市龙泉驿区，车城大道与桃都大道交会处，项目总占地面积为 5921 亩。东安湖片区与老城中心距离为 19km，是成都市东进战略的“桥头堡”。东安湖公园的设计要体现“休闲活动，文化宣传、农业灌溉和生态修复”的综合目标，就必须以秀美的自然山水为基础，多元的文化为内涵，丰富的休闲活动为特色，并兼具农业灌溉和生态修复功能，如图 3-14 所示。

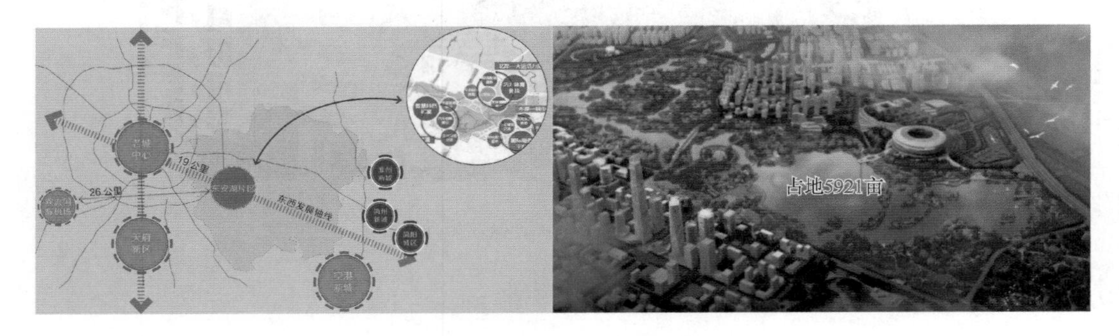

图 3-14　东安湖公园区位图和概念图

随着物质文化的需求得到满足，人们对精神生活的追求不断提高，对公园、绿地等城市公共活动区域的需求也在不断增加，苗木种植作为公园绿化的重要组成部分，其品质直接影响公园的可观赏性、可活动性及安全性。在保证苗木成活的基础上，如何提高苗木种植效率、提升空间美感成为一个重要的课题。

在东安湖公园项目园林景观施工中，短时间内既要呈现高品质景观效果，又要结合当地文化特色，多元共融，统筹设计，但由于园林景观施工具有随意性，相关建设人员需要在植物品种分配、群落植物高矮、植物配置方案等方面进行综合考虑，同时要做好各方面的科学合理规划，以此来提高园林景观工程的整体建设质量。为此，针对以上问题本书结合 BIM 技术及智能建造，创新地提出了“基于信息化平台的苗木虚拟建造方法”，该方法特别适用于施工面积大、工期紧张的城市园林市政工程。基于该方法，本书最终提炼总结出“基于信息化平台的苗木虚拟建造工法”。

1. 地形建模、苗木建模、园建建模

根据初设图纸，按照地形等高线，用 Civil 3D 软件建立公园地形及园路模型，如图 3-15 所示。

图 3-15　Civil 3D 地形模型

利用专业苗木建模软件（Speed Tree），对苗木高度、冠幅、颜色等按照图纸进行 1∶1 建模，苗木模型库如图 3-16 所示。

图 3-16　Speed Tree 苗木建模

对建筑小品、景观桥梁、栈道栈桥等园建采用 3Ds Max 软件进行建模并渲染，如图 3-17 所示。

图 3-17　建筑、桥梁等园建模型

将地形、苗木及园建等模型导入 Luban Editor，进行轻量化处理，并按照图纸将苗木、建筑、道路等模型布置在地形模型之上，然后根据公园设计情况将湖泊、天空等元素加入地形模型之中，实现场景还原，如图 3-18 所示。

图 3-18　Luban Editor 模型整合

2. 全场景模拟

利用 BIM 技术进行景观园林全场景虚拟还原，建立包含全部环境要素的三维模型，并给予信息平台以整合要素模型，同时通过实时渲染和 VR 沉浸漫游，以及对设计进行优化、施工方案模拟等来对项目进行虚拟建造，如图 3-19 所示。

图 3-19　东安湖公园全场景模拟

将整合后的模型载入 Luban City Eye 平台（图 3-20），在平台上感受场景还原效果，通过 VR/AR 实现场景内漫游，在沉浸式体验中确认公园初设效果，如图 3-21 所示。

图 3-20　Luban City Eye 界面

图 3-21　Luban City Eye 沉浸式体验

3. 苗木绿化的模拟

对苗木种植进行虚拟还原后，BIM 景观工程师联合专家对公园的苗木搭配、树种间距方案进行直观比选，累计完成 500 余处优化。图 3-22 所示为两种苗木的优化方案。A 方案原本设计的苗木种类为黄菖蒲，在虚拟设计场景中发现此类苗木的植株形态较为细长，布置空间欠充盈，且花朵颜色为黄色，与主植株桃树的花朵颜色配合欠佳。通过优化设计，最后调整为墨西哥鼠尾草以弥补前述欠缺。B 方案中的乔木类植株桃树，原本设计将其放置在草坪上，虚拟设计显示这样放置后观感孤立、割裂，因此将其放置在草本植物丛中，从而高矮结合，主次分明，突出了层次的丰富性。

图 3-22　苗木绿化的虚拟设计

第 4 章　复杂大型生态公园地形高效营造技术

4.1　地形营造的科学基础

中国园林崇尚自然，视山水为园林的灵魂，历代的造园匠师们都把对地形的处理（地形的利用和改造）当作造园工程中一项十分重要的工作。园林的地形具有多方面的作用，概括起来，一般有骨架作用、空间作用、景观作用和工程作用等。地形是户外环境中一个非常重要的要素，它直接影响着外部空间的美学特征、人们的空间感受，也影响着视野、排水、小气候以及土地功能结构，再加上景观中其他所有要素均依赖地平面这一事实，如何塑造地形，直接影响着建筑物的外观和功能，以及植物素材的选用和分布，也影响着铺地、水体以及墙体等诸多方面。

随着公园城市建设理念的逐步落地，新建或改建的公园逐步增多，大体量、大面积的公园与日俱增。在公园建设过程中，地形营造是影响地形效果、苗木搭配、建筑配置、空间划分的决定因素之一，是建设过程中的控制重难点。

4.1.1　地形与气象因子的关系

1. 海拔

海拔对气候的影响主要体现在温度方面。一般来说，海拔每升高 100m 所降低的温度与纬度向北推移 1°相近似（北半球），即温度随海拔的升高而降低。由于温度的降低，相应来说，高海拔的地区相对湿度会增大，雨量会增加，风速也快。

2. 坡地方位（坡向）

坡地方位不同，其接受的太阳辐射、日照长短均不同，温度差异也很大。例如，对位于北半球的地区来说，南坡所受的日照要比北坡充分，其平均温度也较高。而在南半球，情况则正好相反。此外，各个地区在各个季节的主导风向一定，坡向不同时，其所受风的影响也不相同。

1）日照

在有地形的环境中，由于坡度、坡向和基地的海拔不同，每块山坡基地的日照时间和允许的日照间距有很大差异。对于北半球高纬地区的坡地，南坡接受的阳光多，热量充足，而北坡则相反。据研究表明，与平地相比，坡度为 2°～5°的北坡，日照强度降低 25%，而坡度为 6°的北坡，日照强度则降低 50%左右。朝南的坡向可以使某一区域接受冬季阳光的照射，并使该区域温度升高，形成充分采光聚热的南向坡势，从而使该区域在一年中大部分时间都保持温和宜人的状态。

2）阴影

由于地形的坡度，山地上物体的阴影长度与平地物体会有所不同，而且其差异直接取决于山坡基地的坡度陡缓。例如，相对于我们所处的北半球来说，南坡物体的阴影会缩短，而北坡则会增长，坡度越陡，其缩短或增长的长度越长。山地物体阴影长度的变化，直接决定了各山地物体单体间允许的日照间距，对物体群体的布局会产生较大的影响。例如，与平地物体相比，南坡的建筑间距可以适当缩小，层数可适当增加，建筑用地也较节约，而北坡建筑的情况正好相反，如图 4-1 所示。

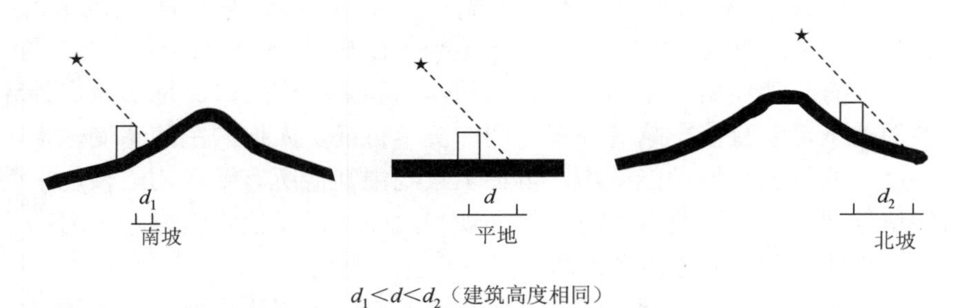

$d_1 < d < d_2$（建筑高度相同）

图 4-1　地形对阴影的影响

d 为阴影长度

3）基地可照时间

由于坡地坡向、坡度的不同，基地的可照时间有较大的差异。就坡向而言，南坡、东南（西南）坡的可照时间相对较长，东坡和西坡次之，北坡和东北（西北）坡的可照时间相对较短；就坡度而言，坡度越缓，可照时间相对越长，坡度越陡，可照时间相对越短。

3. 地形与降水

坡向对大气降水的影响主要表现在迎风坡和背风坡的差异上，迎风坡阻挡气流的运行，使气流顺坡抬升，降温凝结致雨，故迎风坡往往成为多雨区；而在背风坡，气流下沉增温，空气干燥，不利于凝结降水，故降水稀少。

4. 地形与温度

地形的高低会引起气候的垂直变化，通常海拔每升高 100m，绝对气温平均降低 0.5～0.6℃，而日照强度则会增加 4.5%。

4.1.2　园林地形的功能

1. 背景功能

起伏的地形，尤其结合植物的配植时，会有意或无意地成为水体、建筑物或构筑物、前方植物的背景依托。

2. 空间组织功能

地形能够影响人们户外空间的范围和对气氛的感受。例如，平坦的地区在视觉上缺乏空间限制，而斜坡和地面较高点则占据了垂直面的一部分，能够限制和封闭空间。斜坡越陡越高，户外空间感就越强烈。

3. 控制视线功能

利用填充垂直平面的方式，地形能在景观中将视线导向某一特定点，影响某一特定点的可视景物和可见范围，形成连续观赏或景观序列，以及完全封闭通向不悦景物的视线。由于空间的走向，人们的视线便沿着最小阻力的方向通往开敞空间。为了能在环境中使视线停留在某一特定焦点上，可以在视线的一侧或两侧将地形增高，如图 4-2 所示。在这种增高地形中，视线两侧的较高地面犹如视野屏障，封锁了任何分散的视线，从而使视线集中到景物上。

图 4-2　两侧增高的地形使人的视线停留在特定焦点上

地形也可被用来“强调”或展现一个特殊目标或景物。置于高处的任何目标，即使距离较远，也能被观察到。同样，处于谷地边坡或脊地上的任何目标，也容易被谷地中较低地面或对面斜坡上看到，如图 4-3 所示。

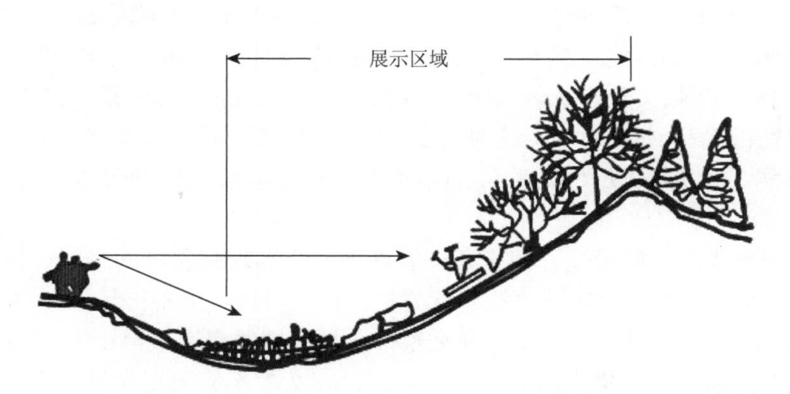

图 4-3　斜坡上的物体，尤其是处于高处的物体极易吸引人的视线

地形的另一类似功能是构成一系列赏景点，以此来观赏某一景物或空间。每一观赏景点都可本着这样一个意图来定位，即以变化各异的观赏点给予景物千变万化的透视景象。这与北京古典园林强调的由变化的视点产生变化的景观，即“步移景异”是一个道理。

地形可以建立空间序列，交错地展现和屏蔽目标或景物。当一个赏景者仅看到一个景物的一部分时，对隐藏部分就会产生一种期待感和好奇心，如图 4-4 所示。此时赏景者为部分目标所吸引，想尽力看到其全貌，他会带着进一步探究的心理，向景物移动，直到看清全貌为止。可以利用这种心理，创造一个连续变化的景观，以引导赏景者前进。例如，在山顶安置一处引人注目的景物，吸引人向前探究，然而在前进过程中，山顶的景物忽隐忽现，直到到达山顶才观赏到全景。如图 4-5 所示，斜坡顶部也可以屏蔽一个位于斜坡底部的景物，这样在较远的距离，即使在高处也难以看到目标。但是，到达斜坡顶端时，该目标便立刻暴露无遗。

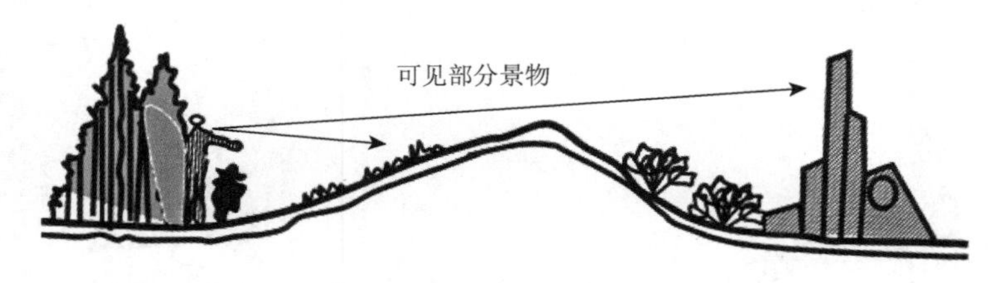

图 4-4　利用地形遮挡景物的一部分，使人产生好奇心，从而向前探究

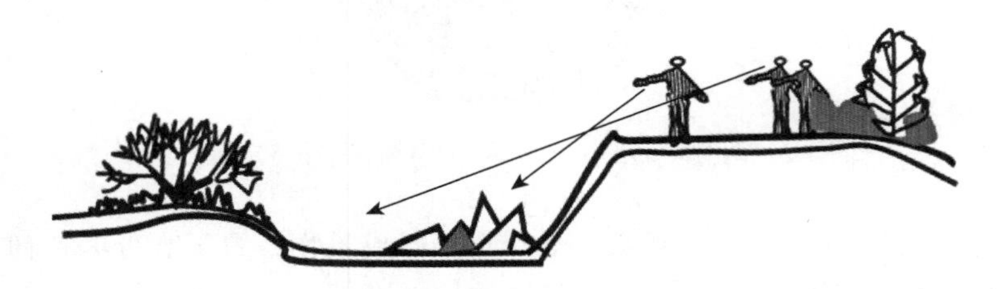

图 4-5　山头挡住了视线，到了边沿才能看到景物

相反，也可以将地形改造成土堆的形式，以此来屏蔽不悦物体或景观，即古典园林中的“障景”，最典型的例子就是北京古典园林常在围墙之内堆一座土山，虚化不悦物墙体，由此又使游人不知园内深浅，一举多得，颐和园、圆明园都有这种应用。在现在的公园或绿地中，这种方式常用在遮挡路两侧停车场，以及商业区等，从而将停车场、服务区以及库房等不悦的景物屏蔽起来，即通过地形结合植物形成视觉隔离。

地形控制视线的功能最适合用于那些容许坡度达到理想斜度的空间。例如，要在一个斜坡上铺种草皮，并需要用除草机进行养护，则该斜坡坡度不得超过 4∶1 的比例。按此标准来设计，一个土堆若高 1.5m，那么整个土堆区域的宽度不得小于 12m。坡度越大，所需空间越大。因此，如果空间大小受到限制，那么就不应采用土堆，而应使用其他方式来屏蔽不悦景象。

坡顶可以作为视野屏障物，遮盖位于其边坡脚部分的不悦景物。在大型庭院景观中，可以借助这种设计手法，一方面达到遮蔽道路两侧停车场或服务区域的目的，另一方面则维护较远距离的悦目景色，如图 4-6 所示。英式园林风格的景观便运用了类似手法来遮蔽墙体和围栏。在田园式景观中，被称为隐蔽的墙体被设置在谷地斜坡顶端之下和凹地处，这样在某一高地势上，将不易观察到它。这种方式的使用，使田园风光成为一个连续和流动的景色，不受墙体或围栏的影响，非常值得借鉴。

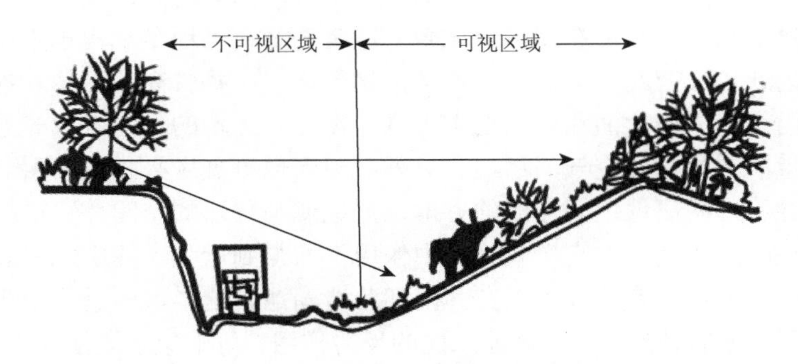

图 4-6　山顶挡住了看向谷底的视线

地形设计中，制高点非常重要。制高点，指的是接近斜坡顶部或坡顶的位置，从这个位置放眼望去，斜坡下面的景色尽收眼底。制高点适合安置与地形协调的构筑物。当某一物体被设置在凸面地形的尖顶部位时，极易看到天空的背景下呈现出物体的剪影，而且该物体极易受到狂风的袭击。然而当将同一物体设置在顶部下端时，仍以天空为背景，该物体会在视觉上与地形融为一体。这样，斜坡及其顶端就自然地成为物体的背景，起到“吸收”物体轮廓形象、保护物体免遭狂风袭击的作用。因此，在古典园林中，经常会在制高点设亭或平台。

4. 控制游览速度及路线功能

地形可被用在外部环境中，影响行人和车辆运行的方向、速度和节奏。在平坦的地面上，人的步伐稳健持续，无须花费什么力气。随着地面坡度的增加，或更多障碍物的出现，游览变得越发困难。为了爬山或下坡，人必须使出更多的力气，浏览时间相应延长，中途的停顿休憩次数也逐渐增多。因此，步行道的坡度不宜超过 10%，如果需要在坡度更大的地面上下，为了减缓道路的陡峭程度，道路应斜向于等高线，而非垂直于等高线。如果需要穿行山脊地形，最好走山洼或山鞍部，最适宜的是尽量从凹口通过。

如果设计的某一部分要求人们快速通过，那么应使用水平地形。相反，如果设计是要求人们缓慢地走过某一空间，那么斜坡地面或一系列水平高度变化，就应加以使用。当需要完全停留下来时，需要再一次使用水平地形。

地形起伏的山坡和土丘可被用作障碍物或阻挡层，使行人在其四周行走，穿越山谷状的空间。这种控制和制约的程度所限定的坡度，随情形由小到大规则变化。在那些人流量较大的开阔空间，如商业区或大学校园内，就可以直接运用土堆和斜坡的功能。

5. 改善小气候功能

地形在景观中可以用于改善小气候，如在上述地形与气象因子中所述，从采光方面来说，为了使某一区域能受到冬季阳光的直接照射，并使该区域温度升高，该区域应使用朝南的坡向。地形的正确使用可形成充分采光聚热的南向地势，从而使各空间在一年中大部分时间都保持较温暖和宜人的状态。从风的角度而言，一些地形（如凸面地形、瘠地或土丘等）可用来阻挡刮向某一场所的冬季寒风。为能防风，土堆必须堆积在场所中面向冬季寒风的那一边，如在园林地域中，通常选择在当地冬季常年主导风向（在中国大部分地区为北风或西北风）的上风地带，尽量堆置一些较高的山体。地形的另一类似功能，就是沿房屋围墙北面和西面增高土堆。在此，土堆的作用就像一层附加的保温层，可减少热量的散发和冷空气的渗透。另外，地形也可被用来收集和引导夏季风。夏季风可以被引导穿过两高地之间形成的谷地、洼地或马鞍形的空间。穿过这类开阔地的风，其强度往往会因“漏斗效应”或“集中作用”而得到增强，并由此引起更强的冷却效应。对于地处北半球的园林，可以在其南部营造湖池。这样，冬季位于南方、高度较低的太阳辐射到大地的光热，经过湖池水面的反射作用，可汇集到湖池北部的空间区域，从而提高园林湖池北面陆地环境的气温。

例如，北京颐和园昆明湖北岸一带，一方面，其北部的万寿山阻挡并减弱了冬季寒冷北风的直接侵袭；另一方面，由于其南部昆明湖水面对太阳辐射热能具有反射作用，万寿山南麓、昆明湖北岸一带冬季的小气候相对较为暖和。可见，在昆明湖北岸一带营建长廊、水木自亲、对鸥舫、鱼藻轩等众多建筑是非常明智的。

又如，在局部规划设计中，山的不同走向和位置安排能产生极不相同的功能效益和艺术效果。东西走向的山，在背阴的一面，往往成为园林风景中的消极要素。在这里布置建筑和种植花木都不适宜，可以降低山体高度以减少阴影，用叠石增加背阴一面的趣味，同时配置少量的耐阴开花灌木或花卉。另外还可以加大位于背面的建筑物与山阴之间的距离，或在它们之间安排水面，防止山体的阴影落在前庭或落在建筑物上。

再如，圆明园镂月开云和牡丹台后面的小山、天然图画南面的土山、长春园和如园南沿的土山等，就没有因为山体是东西走向而造成消极的影响。至于南北走向的山，无论东坡或西坡，对安排建筑和配置花木都没有太大限制，设计处理起来得心应手了。

6. 增加绿化面积功能

显然，对于底面面积相同的一块平地和坡地来说，起伏的地形会增大土地面积，由此也就可以增加绿化面积。对于现今寸土寸金的城市，在公园、绿地、小区、校园等区域内适当创造小地形，不仅能组织空间、控制视线及游览路线、改善小气候，还能够增加绿地面积，提高绿地率。同时，小地形可以满足更多植物的生态习性，最大限度地实现植物多样性。

7. 表达情感功能

不同的地形可以创造出雄、奇、险、幽等不同效果，在某种程度上表达了不同的情感，让人产生联想。地形要素与地形空间感的大体关系如下：

地形相对高程——雄伟感、崇高感；

地形坡度——险峻感、陡峭感；

地形坡度变化率——奇特感、丰富感；

地形高程变化率——旷奥感。

北京古典园林利用地形表达情感的最直接的例子是皇家园林中建在山顶的楼阁，其表达了皇家的威严与气派，如北海琼华岛；又如，颐和园的佛香阁到智慧海一段的登山道，台阶自然错落，台阶高度一般为 30～40cm，很明显，设计者的目的在于创造出一种登佛寺（无梁殿）的艰难感，令游人对佛寺产生尊严感。古刹寺庙多建于深山或高处，借以表达寺庙园林环境的世外清幽。

4.2　三维地形建模

三维地形建模实质是模拟地理信息系统的研究对象之一的地球表层，其是所有整理规划工作的前提和基础，同时又是土地整理要素布设的依托。因此，建立精确的三维地形模型直接影响土地整理规划的质量。数字高程模型是为了通过一组有序的数字组合描述地形表面的起伏而建立起来的模型，其建模方法主要分为规则格网（grid）建模和不规则三角网（triangulated irregular network，TIN）建模。

4.2.1　基于规则格网的三维地形建模方法

用规则格网描述三维地形的基本思想是：设计一组规则有序排列的格网，每个格网单位都是等大的，每个格网点的坐标位置可以通过其行列号换算出来，同时以格网单位记录所在区域的平均高程值或拟合高程。运用规则格网建立的三维地形模型，结构简单明了、存储量小、读取速率快，同时拓扑关系明确。规则格网的结构形式有很多种，如图 4-7 所示。

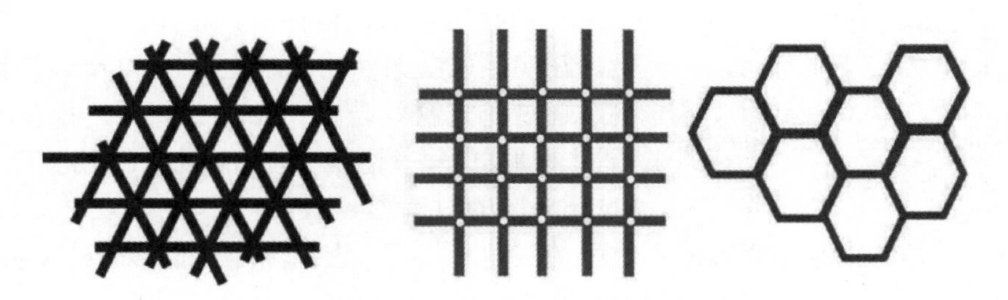

图 4-7　规则格网结构形式

常用的格网是方格网，如图 4-8 所示。

规则格网结构形式的 DEM 通常有两种建模方式：第一种采用摄影测量或遥感技术，直接生成以灰度值记录的栅格 DEM 数据；第二种则是通过野外采集的高程点或者等高线数据，采用数据内插方式，内插出每个格网的高程值，从而生成 DEM。

$Z(i,j)$

67	67	67	66	66	65	65	65	65	65	64
68	67	67	67	66	66	65	65	66	66	65
68	68	67	67	66	66	66	66	66	65	65
68	68	67	67	66	66	66	66	66	65	64
68	67	67	66	66	66	66	66	66	65	64

图 4-8　规则格网模拟的 DEM

$Z(i, j)$ 表示方格网的高程值

4.2.2　基于不规则三角网的三维地形建模方法

不规则三角网是另一种三维地形模型表示方式，其基本思想是通过一组不规则排列的空间离散点与其邻近点以某种规则进行连接，形成形状不同、疏密无规律的三角网，来模拟起伏不定的三维地形。不规则三角网模型的主要优点是拥有非常好的拓扑关联性质，对地形的模拟更加接近真实地形形态，但是随着精细程度增加，其存储量成为必须考虑的问题。德洛奈（Delaunay）三角网在三维地形模拟方面应用得最为广泛。用不规则三角网模型模拟三维地形时，须满足如下几点要求：不规则三角网网格必须是唯一的；不规则三角网网格的三角形拥有最佳的几何性质；使用最邻近的控制点构网。在满足以上条件的基础上，1934 年苏联科学家德洛奈通过研究沃罗诺伊（Voronoi）图，推算出新的三角网的形式——德洛奈三角网，德洛奈三角网是 Voronoi 图的对偶图（图 4-9）。

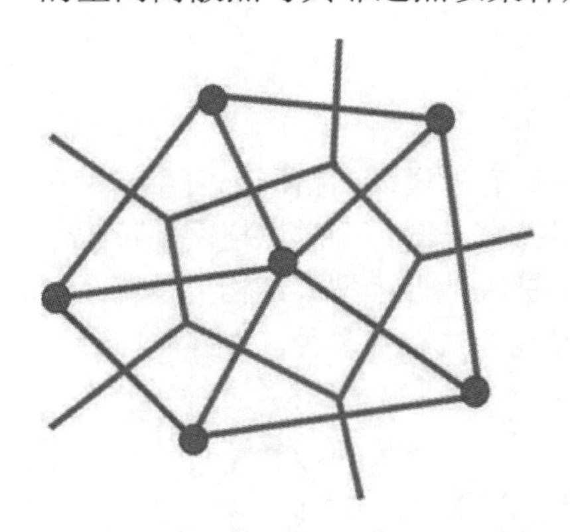

图4-9　Voronoi图与德洛奈三角网的对偶关系图

德洛奈三角网由互相邻接而不重叠的三角形组成，它们满足三角形的外接圆的性质，每个 Voronoi 图的顶点都为一个德洛奈三角网三角形的外接圆的圆心。因此，定义出 Voronoi 图将有利于德洛奈三角网的生成。

设欧几里得平面上的点集 $V_i = \{P_1, P_2, \cdots, P_n\}$，对应的点集组成的多边形的集合 $V = \{V_1, V_2, \cdots, V_n\}$，$n \geqslant 3$，每个集合中的点满足以下条件：点不共线，四个点不共圆；用 $d(P_i, P_j)$ 表示两点之间的欧几里得距离，同时设平面上的点 P 满足以下条件：

$$V_i = \{P \in E^2 \mid d(P_x, P_j) \leqslant d(P, V_j), j = 1, 2, \cdots, N, j \neq i\} \quad (4\text{-}1)$$

则由此点集围成的多边形为 Voronoi 多边形，集合所有多边形组成 Voronoi 图。由此建立起来的德洛奈三角网具有如下 4 个重要的性质。

（1）空圆性质，即任意三角形的外接圆范围内不包含其他任何点。

（2）最邻近特性，即构网总是最相邻的两个点进行连接。

（3）形状特征最优（最小角性质），即相邻两个三角形组成的凸多边形的对角线可以互相交换时，其组成的最小内角角度不会变大。

（4）唯一性，即无论从哪一点开始，最终得到的将是同一个不规则三角网。

基于以上性质，项目的三维地形模型采用德洛奈三角网进行建模。用于德洛奈三角网建模的方法有很多，而其中根据离散点进行建模的方法也有不少，如基于任意一点开始推算的三角网生长法、基于最小容纳包向内生成的凸包生成法、将每个点逐个加入进行构网的逐点插入法，以及采用分块建网和综合连接的方式的分治算法等。三角网生长法的主要思想是：从任意一点开始，组成最短基边，而后寻找满足条件的第三点，连接成三角形，再以三角形中的某一边继续迭代查找，查找流程如图 4-10 所示。首先由离散点中的任意一点开始，搜索出与其距离最小的点作为初始基边，并运用空圆性质和最小角性质寻找最邻近的第三点，然后连接第三点组成第一个三角形，再以三角形的一边作为基边，重复寻找另外的第三点，迭代以上过程，直到将所有离散点都连接成三角网为止。

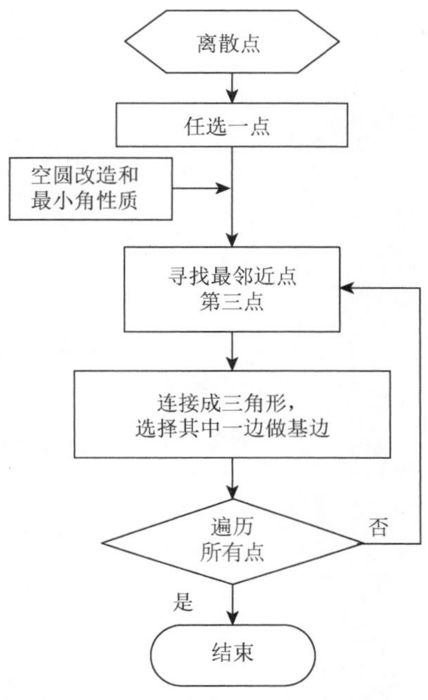

图 4-10　三角网生长法流程图

该算法的缺陷是，在寻找第三点的过程中，由于不知道点之间的空间拓扑关系，每次都必须通过遍历所有点查找符合条件的第三点，其以判断点与基线的距离为依据，使算法的复杂度提高了。因此，三角网生长法生成德洛奈三角网速度慢、效率低。

凸包生成法的基本思想是寻找一个凸包（指包含所有离散数据的最小多边形），从凸包的边界边开始从外向里进行逐层建网，其生成德洛奈三角网的流程可以表述为图 4-11。

从集合中的数据点开始，寻找包含所有数据点的最小多边形作为凸包，从凸包左下角的顶点开始，连接与其最邻近的点作为基边，并寻找与基边最邻近的左边的第一点作为三角形的第三个顶点，连接成三角形，同时以起始点与第三点的连线作为下一条基边，重复以上操作，直到无法找到满足条件的第三点为止，即完成第一层三角网的建立。第二层三角网的建立则重复第一层三角网的建立步骤，直到将所有数据点都构成三角网为止。凸包生成法其效率的关键在于寻找第三点的效率，因此选择合适的第三点寻找方法，将有利于德洛奈三角网的生成。

分治算法的主要思想是将离散点进行分块建网，最后将不同的子网运用局部优化算法（local optimization procedure，LOP）进行合并，完成德洛奈三角网的建立，其生成德洛奈三角网的流程可以表述为图 4-12。

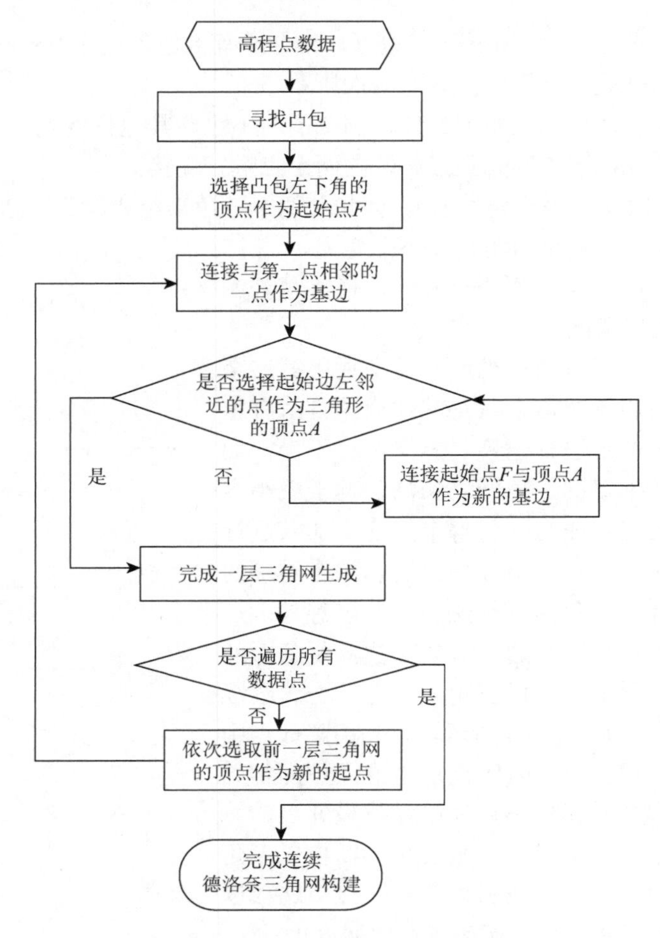

图 4-11　凸包生成法流程图

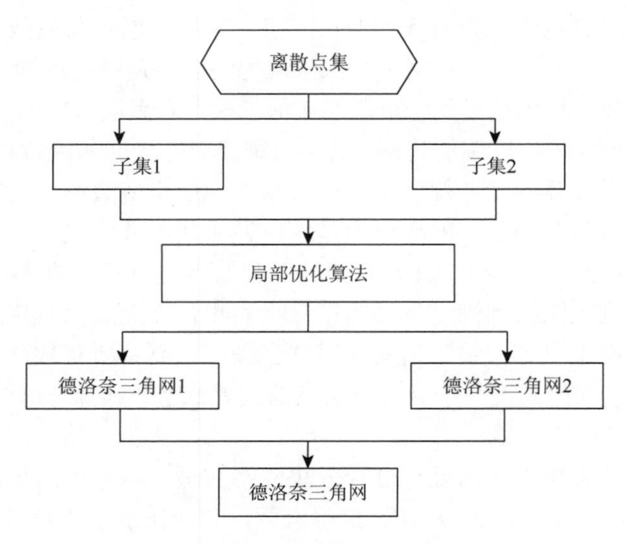

图 4-12　分治算法流程图

LOP 是劳森（Lawson）提出来的，运用 LOP 处理三角网，最终都会形成德洛奈三角网。LOP 优化三角网的方法是对两个拥有公共边的三角形进行判断，若公共边上的三角形顶点不落入其中一个三角形的外接圆内，则将 2 个三角形组成的四边形的对角线进行调换（图 4-13），在德洛奈三角网的生成过程中，大多数情况都会用 LOP 进行优化。

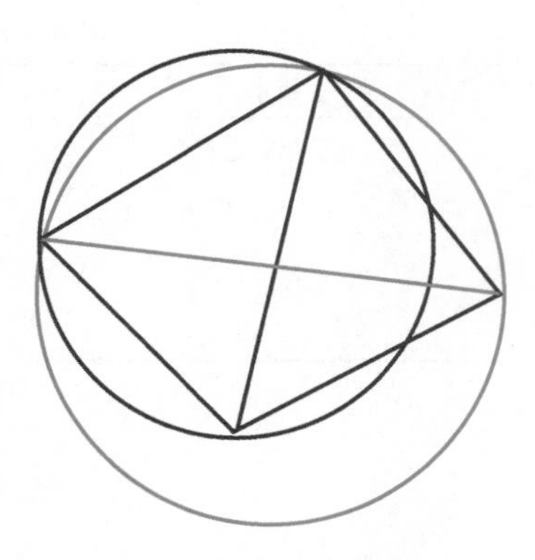

图 4-13　局部优化算法

逐点插入法的基本思想：建立一个初始多边形，这个多边形包含建网时所用到的所有数据点，首先对多边形进行三角化建网，然后再将构网的数据点单独依次插入已经建好的德洛奈三角网中，重新建立新的三角网，其生成德洛奈三角网的流程可以表述为图 4-14。

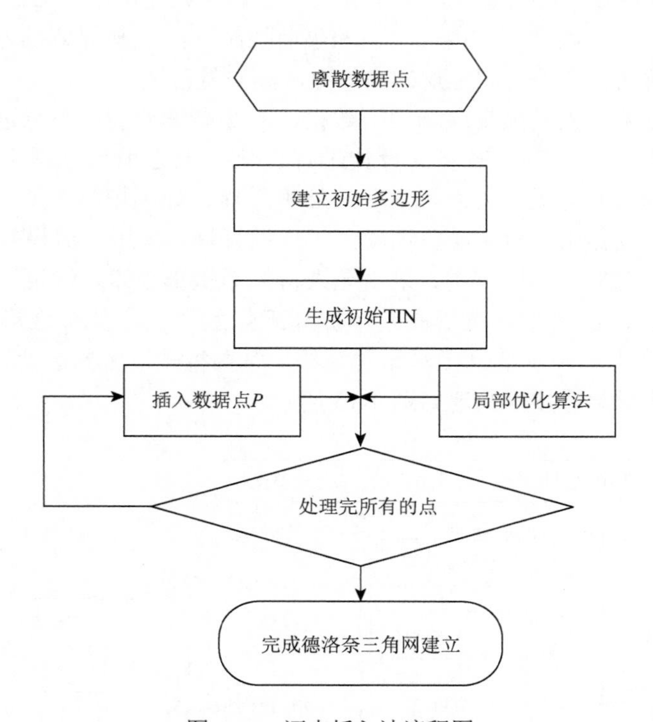

图 4-14　逐点插入法流程图

首先建立包含所有数据点的初始多边形，对这个多边形建立三角网，然后选择一个未参加第一次建网的数据点 *P*，查找出包含点 *P* 的网格中的三角形，并分别依次将点 *P* 与三角形的 3 个顶点连线，形成新的三角网片，再将这个三角网片进行局部优化，完成一个点的插入重建，最后将迭代点插入构网。

分析上述几种算法，可以将它们分成两类，一类是静态的生成方法，另一类是动态的生成方法，逐点插入法属于动态生成德洛奈三角网的方法。这几种德洛奈三角网生成算法时间复杂度，如表 4-1 所示。

表 4-1　几种德洛奈三角网生成算法的时间复杂度

算法	一般时间复杂度	最大时间复杂度
三角网生长法	$O(N^{3/2})$	$O(N^2)$
凸包生成法	$O(N^{3/2})$	$O(N^2)$
分治算法	$O(N^{4/3})$	$O(N^2)$
逐点插入法	$O(N\log N)$	$O(N\log N)$

4.3　地形营造技术开发

地形营造的基本原理是在大型公园地形塑造的各关键控制点，系统运用无人机 + GIS 技术、北斗卫星定位技术、智慧建造集中管控平台，从设计优化、土方统计、高差分析、安全管理等方面入手，做好土方内部平衡的事前控制，高效掌握填挖方数量，合理规划运输便道和排水通道，实现公园地形的高效率、高质量营造。

具体来说，利用无人机采集现场地形数据，对竖向设计初设图纸进行建模复核，在满足土方内部平衡的原则下，对竖向设计进行优化；土方填挖过程中，结合现场实际情况对作业区进行分块，采用无人机 + GIS 技术每周统计填挖量，保证现场施工进度的推进；在土方施工过程中，为保证防洪度汛工作的开展，采用水流模拟分析软件合理规划排水通道；在微地形营造过程中，采用无人机倾斜摄影技术，将设计地形模型和实测地形模型叠合比较，快速掌握填挖高差，提高工作效率；在整个地形营造过程中，采用智慧建造集中管控平台 + 北斗卫星定位系统，掌握机械设备的运动轨迹，合理规划、调整施工便道。地形营造技术原理如图 4-15 所示。

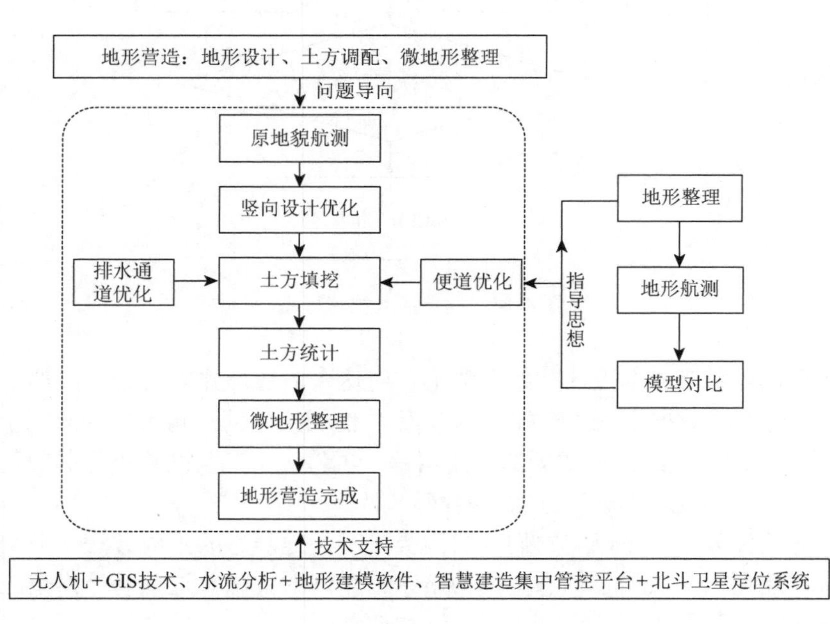

图 4-15　地形营造技术原理

4.4　地形营造施工工艺

1. 地形模型建立

为复核业主移交的地形图是否准确，现场地貌是否发生变化，同时在此基础上进一步核实场内建构筑物的实际征拆情况，以及排水通道的宽度、水面标高、流向等基本信息，进行原始地貌航测。项目进场后，利用无人机采集原始地貌地理数据，整理出地形等高线，如图 4-16 所示。为达到高程偏差在 5cm 误差范围内，按照 $1km^2$ 5～8 个点的原则设置测量控制点，在障碍物较多、通信电缆较密集的区域对控制点进行局部加密。

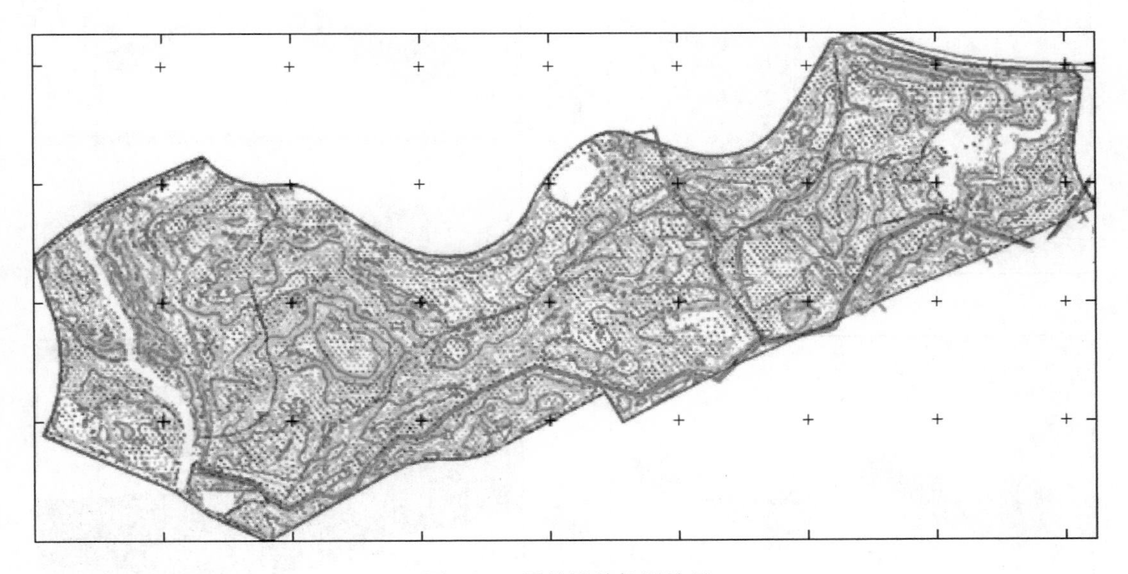

图 4-16　原始地貌航测结果

通常情况下，测量原始地形时，原状乔木、灌木、民房、工厂等待拆迁物较多，无人机在扫描期间将视其顶部为土方的顶标高，为达到预期精度，在后台数据整理阶段对原状物进行数据修正，确保地形等高线的精度。生成地形等高线之后，随机选取几个区域进行现场标高、坐标信息的复核，确认无误后方可作为竖向设计优化的依据。

将竖向设计和现场采集的地形数据整合在一起，划分填挖区域，统计出每个区域的填挖方量，在满足能形成“一主峰、两次峰、四配峰”的地形格局原则下，合理调整地形局部标高，实现土方填挖的内部平衡，避免后期土方的外借或弃方，依据不规则三角网，地形模型的构建流程如图 4-17 所示。

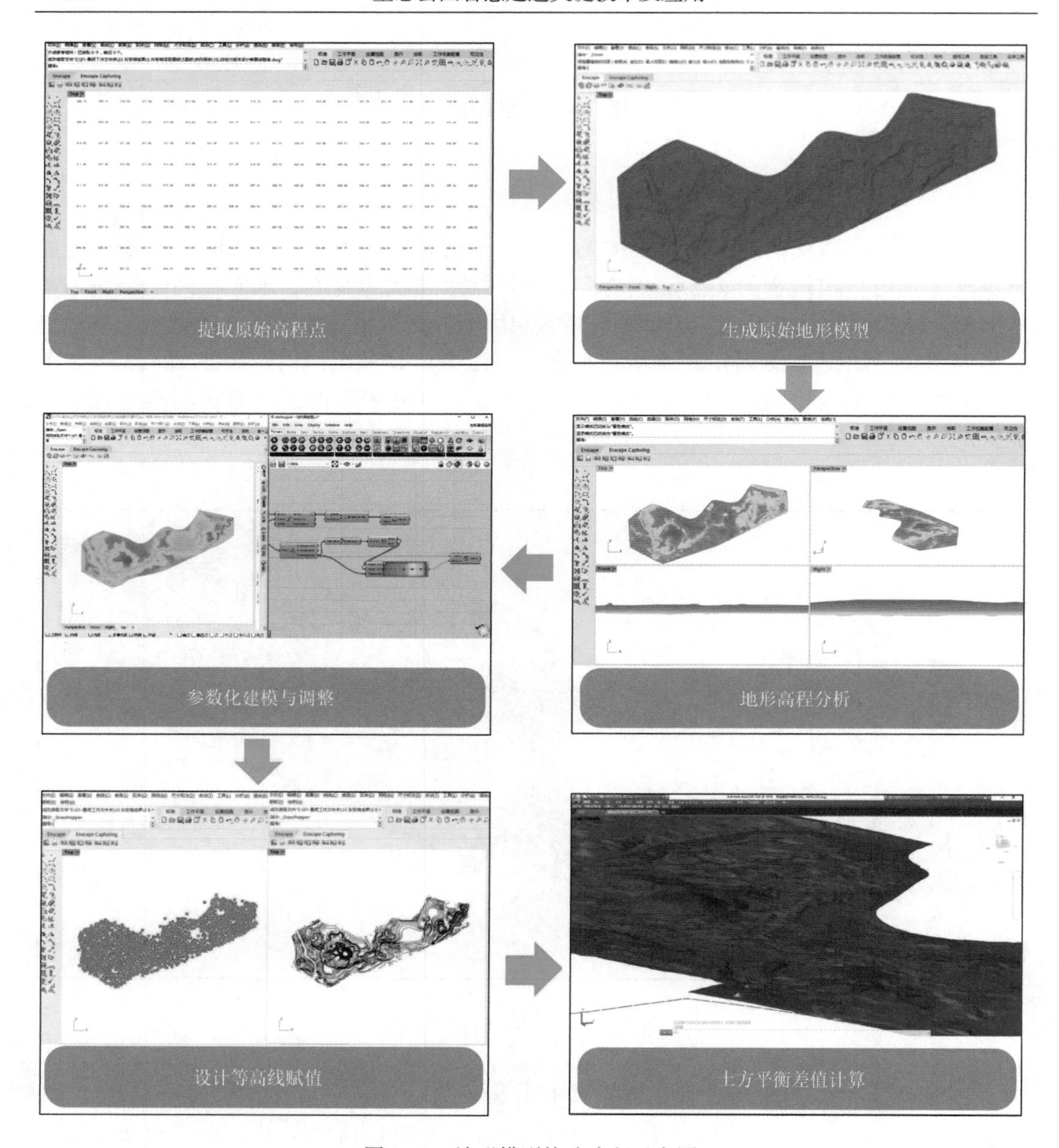

图 4-17 地形模型构建流程示意图

2. 地形测量

在土方施工阶段，按照工程量和资源配置情况，每天必须完成 10 万 m^3 土方的填挖，6 个作业队同时施工，整个施工场区地形每天都在发生变化，如此大面积的地形复测，完全靠人工一版地形图就需要 3 个月的时间，无法满足现场施工进度的需求，因此利用无人机（大疆精灵 4RTK + 大疆经纬 M300 + 赛尔 PSDK102S）采集地理数据，如表 4-2 和图 4-18 所示。

表 4-2　倾斜摄影数据导出

点号	测量次数	北坐标/m	东坐标/m	高程/m	类型	日期
xkd01	1	7121.370	10851.910	509.83440	像控点	2019 年 10 月 8 日
xkd02	1	7355.700	11645.750	509.67340	像控点	2019 年 10 月 8 日
xkd03	1	6932.650	11303.490	514.87180	像控点	2019 年 10 月 8 日
xkd04	1	6789.240	11498.200	513.03600	像控点	2019 年 10 月 8 日
xkd05	1	6709.240	11475.200	513.23400	像控点	2019 年 10 月 8 日
xkd06	1	6564.424	11684.619	515.17846	像控点	2019 年 10 月 8 日
xkd07	1	6425.352	11794.522	516.19464	像控点	2019 年 10 月 8 日
xkd08	1	6286.28	11904.425	517.21082	像控点	2019 年 10 月 8 日
xkd09	1	6147.208	12014.328	518.22700	像控点	2019 年 10 月 8 日

注：表中为东安湖公园项目倾斜摄影数据。

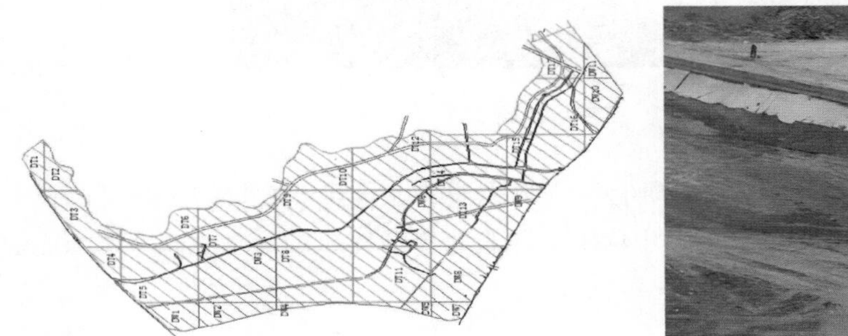

图 4-18　无人机采集地理数据

根据大场区的土方填挖区块划分和运输便道、排水通道的设置情况，以就近填挖、减小运距的原则组织土方的调配。将各阶段的便道 CAD 图纸导入无人机正射影像，直观复核便道设置的合理性（图 4-19），为拆迁计划的制定、便桥搭设提供有力依据。

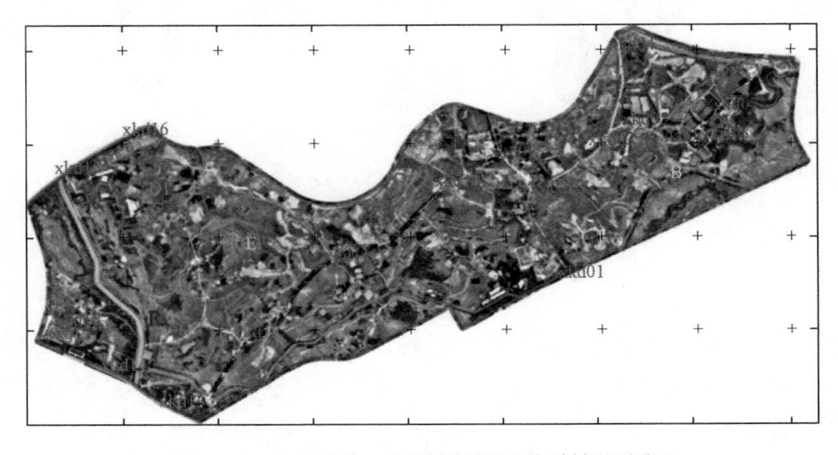

图 4-19　土方分块、便道图纸导入倾斜摄影图形

便道方案确认后，根据片区划分，以减少交通冲突点为原则，制定各土方队伍的运输线路，并在各运输车辆上安装定位装置，以便在手机端 App 或智慧建造集中管控平台上随时查看各运输车辆的行走轨迹，有效杜绝土方的乱堆乱弃，准确核算各片区土方的综合运距，为土方结算提供有力依据，如图 4-20 所示。

图 4-20 土方填挖施工

为保证园区内土方回填的压实度，项目要求各作业队配置足够数量的压路机，在土方作业期间各压路机上安装定位装置（图 4-21），以便掌握压路机的运行状态，在一定程度上控制土方的填筑质量。

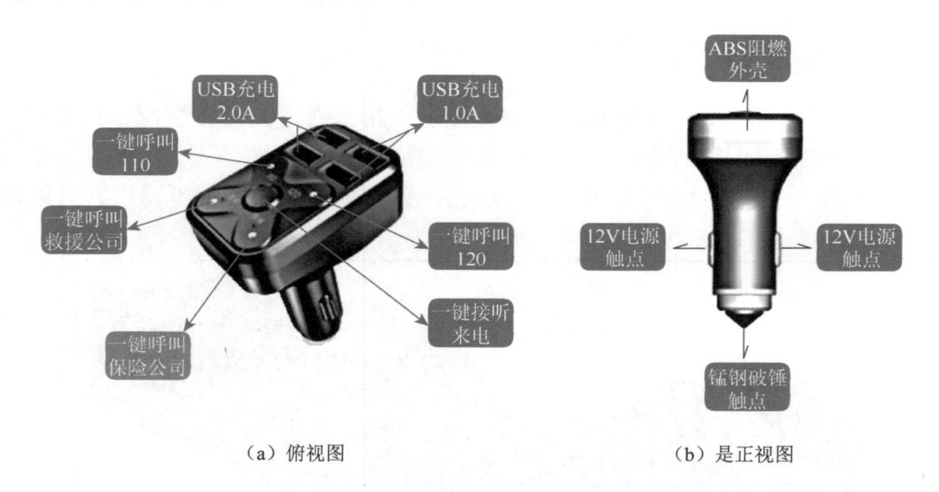

（a）俯视图　　（b）是正视图

图 4-21 压路机定位装置

采用无人机每周对现状地形进行实时航拍，实测地形数据，生成倾斜摄影模型，通过对相邻两周地形图的叠加分析，统计出每个区块的填挖方，并使其达到预期精度要求，然后在智慧建造集中管控平台上直观展示各区域土方填挖柱状图，为进度统计、经营核算提供有力的数据和技术支撑，如图 4-22 所示。

图 4-22　土方填挖统计

3. 地形微调

土方堆坡造型难以严格按照竖向设计一次成型，在大土方填挖完成后，用无人机及时采集现场地形数据，生成地形等高线，并导入 Civil 3D 中建立三维地形模型，然后在 Navisworks 中将实测地形模型与设计地形模型叠合，用不同颜色进行区分，从而分析土方差异，如图 4-23 所示。

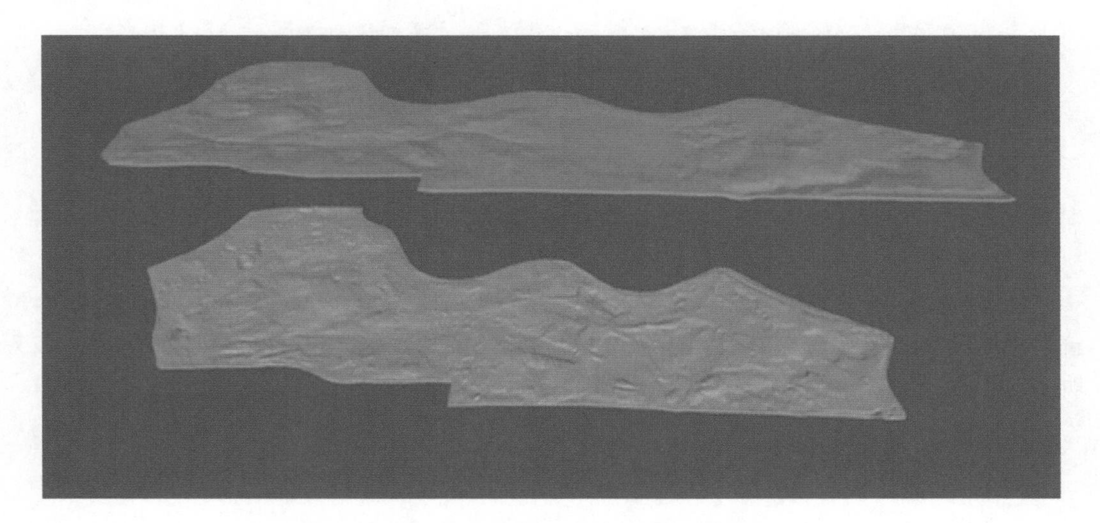

图 4-23　实测地形模型与设计地形模型叠合比较

在高程差的基础上，综合考虑各区域种植土的厚度需求（乔木区需覆盖种植土约 2m，灌木需覆盖种植土约 1m，地被、草皮需覆盖种植土 0.2～0.4m）和沉降量，重新制定微地形土方调配方案和种植土调配方案。

为达到地形竖向设计要求，采用“地形整理—地形航测—模型对比—地形再整理”的循环工作机制，高效完成微地形的整理工作，可为项目节约约 2 个月的工期，减少测量人员、管理人员和机械设备的投入量。

4. 水流分析

公园土方施工场地大，地形造型期间将改变原有水系通道。通过地形等高线建立汇水分析模型，可直观展示水流方向、大小和标高对土方填挖的影响，辅助调整各施工阶段排水方案，如图 4-24 所示。

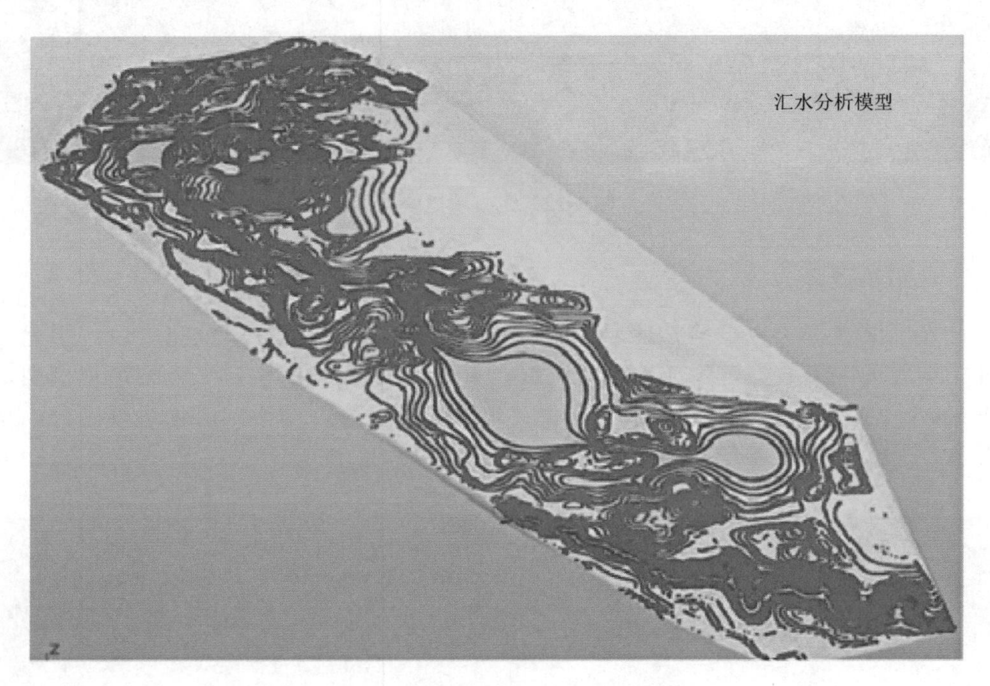

图 4-24　水流分析的应用

经分析，雨季来临时水流将在湖区汇集，对土方开挖造成很大影响。应通过提前设置泄洪通道，实现永临结合，保证防洪度汛工作的顺利开展，规避安全风险，如图 4-25 所示。

5. 临设布置及优化

大场区地形营造工作主要分为三个阶段进行，第一阶段为清表阶段，第二阶段为大土方填挖阶段，第三阶段为微地形整理阶段。每个阶段的临设布置需求不一，第一阶段主要考虑拆迁障碍物的影响，第二阶段主要考虑地形的动态变化，第三阶段主要考虑种植土的填筑和地下管网埋设工作面的移交。同时，各阶段还需要考虑雨水、原状水系对防洪度汛、水土保持的影响，并积极采取有效的防范措施。

为解决以上问题，在完成土方平衡分析的基础上，分阶段制定土方调配方案，并同步设置土方运输路线，同时根据运输车辆的配置数量，合理规划便道宽度，并根据工期计划动态调整便道方案。

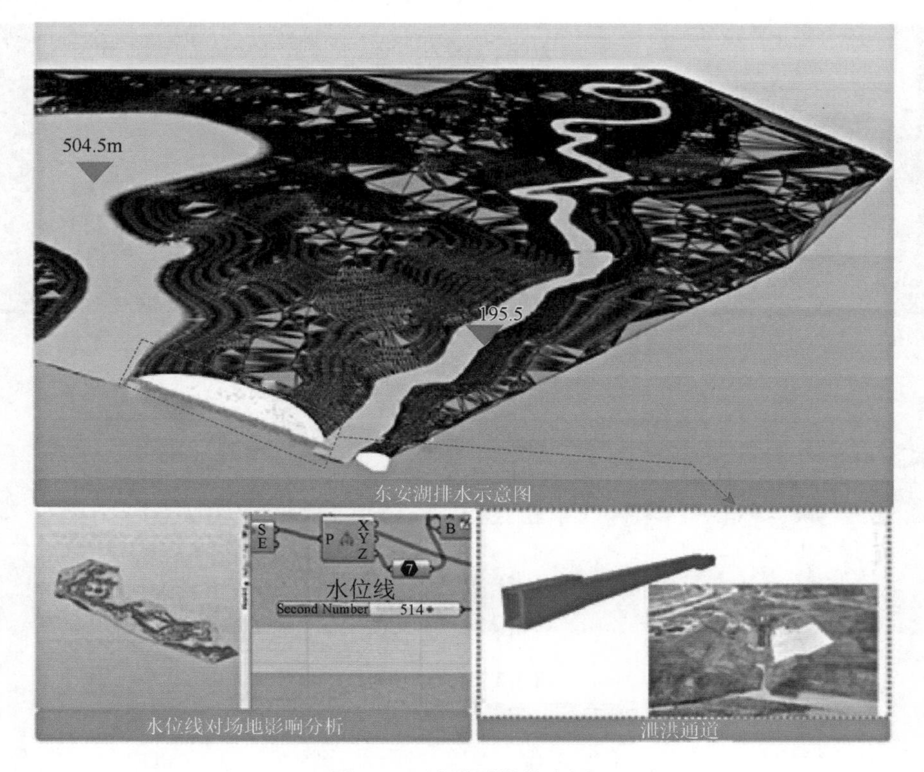

图 4-25　泄洪通道的布置

采用无人机并结合 BIM 技术，对临设布置进行优化，使临时道路与未来规划园区道路实现“永临结合”（图 4-26），以节约投资、缩短额外修筑和破除便道的时间，最大限度地缩短工期。

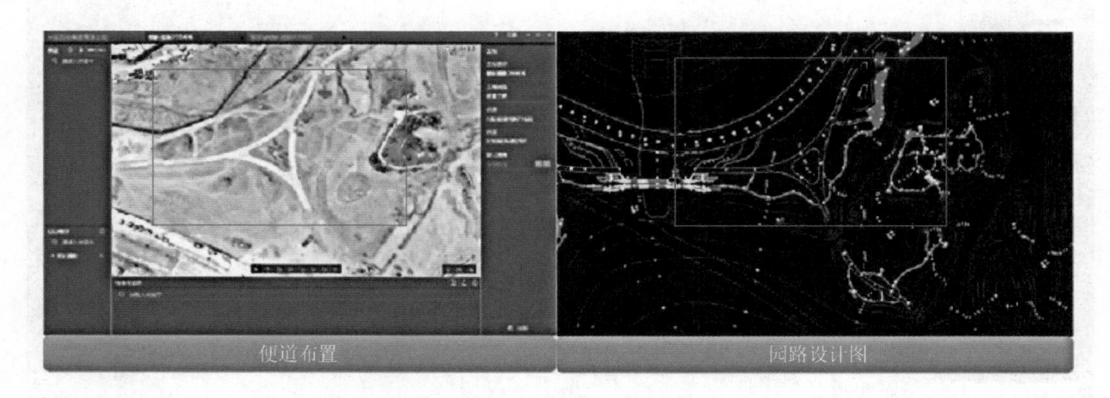

图 4-26　布置优化

将无人机倾斜摄影三维地理模型和下穿隧道 BIM 模型相结合，将二维临设布置图直观放置在三维模型中，合理规划临设布置，如图 4-27 所示。在满足施工需要的情况下，人员、材料、设备有序投入施工建设，保障现场安全文明施工。

图 4-27　临设布置

在管控平台中导入无人机正射影像、倾斜摄影地形模型、土方填挖分析数据、实时航拍结果等，实现对现场的远程控制和监督，如图 4-28 所示。

图 4-28　管控平台远程控制和监督

4.5　地形营造的质量控制

（1）像片重叠度要求。航摄分区尽量按照地形特征进行，最低点地面分辨率不能低于 0.1m。航向重叠度一般应为 75%～90%，旁向重叠度一般应为 70%～80%。

（2）摄区边界覆盖保证。航向覆盖超出摄区边界线应不少于两条基线。旁向覆盖超出摄区边界线一般应不少于像幅的 50%；在便于施测像片控制点及不影响内业正常加密时，旁向覆盖超出摄区边界线应不少于像幅的 30%。

（3）航高保持。同一航线上相邻像片的航高差一般不应大于 30m，最大航高与最小航高之差一般不应大于 50m，实际航高与设计航高之差一般不应大于 50m。

（4）漏洞补摄。航摄中出现的相对漏洞和绝对漏洞均应及时补摄，应采用前一次航摄使用的数码相机补摄，补摄航线的两端应超出漏洞之外两条基线。

（5）影像质量。影像应清晰，层次丰富，反差适中，色调柔和；应能辨认出与地面分辨率相适应的细小地物影像，建立清晰的立体模型。影像上不应有云、云影、烟、大面积反光（水域除外）、污点等缺陷。

（6）航摄时间选择。航摄影像的成图质量对航摄时间有一定的要求，在规定的航摄期限内，应选择地表植被及其他覆盖物（如积雪、洪水等）对成图影响较小、云雾少、无扬尘（沙）、大气透明度好的时间进行摄影。

（7）土方开挖。开挖的土方，除应考虑结构尺寸外，还应根据实际施工要求增加工作面宽度，同时放坡坡度需要根据边坡土层（岩层）的不同来确定坡率。挖土时应自上而下分层开挖，严禁掏洞开挖。作业中断或作业后，开挖面应做成稳定边坡。挖土期间应根据填挖方区块划分和机械设备投入情况，细化挖方作业面，并用灰线或彩旗区分，分作业面组织现场开挖顺序和机械布置，保证开挖工作有序推进，不窝工、不堵车、不出现安全事故。竖向采用分层开挖，每层厚度控制在 2m 以内，同时在开挖过程中需注意临边防护，对边坡进行打围，确保边坡稳定，并避免挖深过大，造成因需对边坡进行防护而增加施工难度。土方开挖时按土方明挖的开挖线进行施工，对可能引起的滑坡和崩塌体及时采取防护措施。土方开挖从上到下分层分段依次进行，严禁自下而上或倒悬开挖，开挖中形成一定的坡度，以利于排水。在开挖过程中，按照施工期对环境保护的要求，对施工红线外未移栽的天然植被进行保护，不得对环境造成不良影响。

（8）土方填筑。压实应先轻后重、先慢后快、均匀一致。压路机最大速度不宜超过 5km/h。填土的碾压遍数，应按压实度要求，经现场试验确定。填方区应自边缘向中央碾压，压路机轮外缘与填方区边缘应保持安全距离，压实度应达到要求，且表面应无显著轮迹、翻浆、起皮、波浪等现象。压实应在土壤含水量接近最佳含水量的±2%时进行。按频率目测压实度薄弱点在复压结束后，用灌砂法跟踪检测，压实度不合格则继续碾压至检测合格，并在检测压实度的同时进行厚度检测。回填土及地形造型的范围、厚度、标高及坡度均应符合设计要求。地形造型应自然顺畅，使用的设备如表 4-3 所示。

表 4-3 地形营造设备

序号	名称	参数	数量	备注
1	FastTFT V13.0	—	2 套	土方分析
2	Rhino + Grasshopper	—	1 套	水流分析
3	Civil 3D	—	2 套	地形建模
4	Navisworks	—	1 套	地形高差分析
5	无人机	大疆（精灵 4RTK）系列	2 台	地形航拍
6	定位牌	（101mm×59mm×9mm）/50g	500 套	车辆定位

4.6 应用案例

1. 大运会东安湖公园项目

中国五冶集团有限公司承建的大运会主会场东安湖片区基础设施建设项目位于成都市龙泉驿区，占地 5921 亩，土方填挖量约为 700 万 m^3，原始场区内包含李河堰和西江河两条主要排水通道，在龙泉驿区东安湖片区发挥着重要的排洪、灌溉功能。项目在三个月内要完成地形骨架的初步塑造，同时需兼顾水系功能正常运转、不发生安全事故和地形营造高效、高质成型等要求。

地形营造技术于 2019 年 10 月至 2020 年 5 月应用于东安湖东风渠片区、李河堰片区、书房村片区、体育中心片区四个生态修复区的地形营造，为东安湖公园项目的高品质呈现打下了坚实的基础，并取得了良好的经济与社会效益。

2. 成都环城生态区生态修复项目

成都环城生态区生态修复项目范围内成都四环路两侧各 500m（西起白沙路，东至川陕路），项目建设对象为区域范围内一、二级绿道及附属道路，绿化景观，特色园区，林盘院落，二、三、四级驿站建筑，景观桥梁，以及湖泊湿地等。通过采用大型城市公园地形营造施工技术，短时间内完成了地形骨架的初步塑造，地形营造效果好、成型效果佳，给成都市四环路环城生态区增添了亮丽的景色，获得业主及社会的一致好评。

第5章　基于物联网技术的混凝土试块智能养护监控技术

5.1　养护的重要性

混凝土养护是指在混凝土浇筑完成后，为向胶凝材料水化提供所需的介质温度和介质湿度而采取相应措施，以保证混凝土性能达到预定的要求。混凝土养护条件，即养护过程中湿度和温度的控制以及养护时间的长短，对混凝土的水化硬化速度、微观结构特征、强度发展和耐久性均有重要影响。

5.1.1 养护对高性能混凝土力学性能的影响

养护温度对水泥的水化硬化速度有着显著的影响，而混凝土力学性能的发展又与水泥的水化进程密切相关。在10～40℃时，高温养护可以提高混凝土早期强度，但会对后期强度产生负效应，即早期高温养护的混凝土后期强度较常温养护有较大幅度的下降。养护温度每升高5℃，28d混凝土抗压强度下降1.9MPa。谭克锋和刘涛[96]用扫描电镜证明了这种高温负效应是由水泥水化产物分布不均匀引起的，与水泥水化程度无关，同时发现降低水胶比或者掺入硅灰、粉煤灰、矿渣可以部分消除这种高温负效应，且硅灰消除高温负效应的能力最强。

高强混凝土胶凝材料用量大，水化反应放出的大量热量会导致混凝土内部温度升高。为了探讨大体积高强混凝土内部温升对混凝土性能的影响，阎培渝和崔强[97]对比研究了标准养护、高温（50℃）养护和基于绝热温升曲线的温度匹配养护对高强混凝土抗压强度发展规律的影响。试验结果表明，高温养护和温度匹配养护可以显著激发复合胶凝材料的反应活性，显著提高复合胶凝材料混凝土的早期强度，并使后期强度持续增长，但对纯水泥混凝土后期强度有明显抑制作用。胡巧英等[98]对比研究了标准养护和基于拟绝热温升曲线的温度匹配养护对高强混凝土抗压强度的影响，发现温度匹配养护对高强混凝土抗压强度的发展有促进作用，并且促进作用随着水灰比的提高而显著增强。杨吴生等[99]研究了干热、水浴等热养护制度对高性能混凝土力学性能的影响。试验结果表明，混凝土早期抗压强度与温度同向变化，而抗折强度在干热养护下降低，在水浴养护下得到提升。

虽然低温养护下混凝土内部水化产物分布更均匀，后期强度更高，但当温度低于0℃时，混凝土中的部分水分开始结冰，体积膨胀，对混凝土孔隙形成压力，这将导致混凝土遭受冰冻损伤。Kim等[100]以硅灰高性能混凝土为对象，研究了–15℃、–5℃、5℃三种低温对其抗压强度的影响。试验结果表明，–15℃对混凝土强度发展有明显的负效应，其28d强度仅为5℃养护的15%，并且这种负效应是由混凝土的孔隙增多导致的。王佩勋等[101]对比研究了先标准养护后自然养护和先自然养护后标准养护这两种养护制度对负温环境下高性能混凝土抗压强度的影响。试验结果表明，高性能混凝土如果在浇筑后72h内受冻，后期强度将大幅降低；而在浇筑后先标准养护72h再转为自然养护，其90d强度基本能达到设计要求，但与标准养护相比，抗压强度仍大幅降低。

Spears[102]认为，当混凝土内部的相对湿度小于80%时，水泥水化将停止。若早期环境湿度不足，则可能造成混凝土中水分的大量蒸发，引起混凝土干燥失水，影响水化反应的继续进行；另外，干缩会使混凝土在低强度状态下承受收缩引起的拉应力，导致混凝土表面出现裂纹，并最终影响强度。Atis等[103]研究了不同养护湿度对硅灰混凝土力学性能的影响规律，研究结果表明湿度的增加有利于混凝土抗压强度的发展，且水胶比越高、硅灰掺量越大，效果越明显。针对青藏高原的气候特点，王潘芳等[104]对比研究了干热养护与标准养护两种养护方式对C30、C60高性能混凝土抗压强度的影响。试验结果表明，干热养护虽能提高3d强度，但28d强度仅为标准养护的43%～58%，并且该地区应采取覆盖蓄水物、定期注水和保湿养护等措施。杨明等[105]的试验结果表明，带模供水养护可以显著提高粉煤灰高性能混凝土的早期抗压强度以及28d劈拉强度，在养护水中添入减缩剂后，劈拉强度还能进一步提高。Chen等[106]的研究表明，海水养护的矿渣混凝土的早期强度比自然养护的略高，但后期强度有所降低。

王成启等[107]以拉压比、折压比、断裂能、延性指数为脆性指标，研究发现常压蒸养下高强度管桩混凝土的脆性小于高压蒸养。黄煜镔和钱觉时[108]研究了自然养护和标准养护两种养护方式对高强混凝土力学性能的影响。试验结果表明，与标准养护相比，自然养护下混凝土的断裂韧性、断裂能、有效断裂过程区尺寸大幅降低，说明自然养护下混凝土的脆性显著增加。Nassif等[109]发现湿毯子覆盖养护能够保证高性能混凝土弹性模量持续增长，而在表面涂刷养护剂和自然干燥养护下，高性能混凝土的弹性模量增长缓慢，甚至会出现倒退现象。林辰等[110]研究发现，抗压强度、弹性模量、抗拉强度以及临界应力强度因子随标准养护时间的延长而增大，养护6d的力学参数数值可以达到27d标准养护的90%左右，其中弹性模量对养护条件的敏感性最强。

5.1.2　养护对高性能混凝土收缩开裂的影响

养护对高性能混凝土的收缩开裂有着重要的影响。事实上，因养护不当导致高性能混凝土开裂的现象屡见不鲜。姚明甫和詹炳根[111]通过平板试验法对比研究了不同温度和湿度养护条件下高性能混凝土塑性收缩和裂缝的发展规律。试验结果表明，在高温低湿环境下，混凝土的塑性收缩率和裂缝宽度都将增大，而掺入超强吸水剂可以显著抑制塑性收缩和裂缝的出现。翟超等[112]通过早期抗裂试验研究了养护方式和起始养护时间对高性能混凝土塑性开裂的影响。实验结果表明，涂刷养护剂和覆盖塑料薄膜的防裂效果相近，但起始养护时间对是否发生塑性开裂以及开裂的程度影响显著，试件成型抹面后1h进行养护能有效防止塑性裂缝的产生，抹面后3h进行养护的防裂效果降低，在终凝时覆盖湿毯及时补水对早期的微裂缝有一定的愈合作用。而 Al-Gahtani[113]的研究表明，与覆盖塑料薄膜相比，涂刷养护剂显著减少了混凝土的塑性收缩，并且养护剂在降低干燥收缩程度方面仍比湿毯子更具优势，其中丙烯酸基养护剂的减缩效果优于水基养护剂。

钱晓倩等[114]对比分析了掺和不掺减水剂的混凝土的早期收缩规律。分析结果表明，掺减水剂的混凝土早期收缩剧烈，对养护提出了更高的要求。通过初凝后及时覆盖塑料薄膜可以有效降低早期收缩程度，减缩效果随养护时间的延长而变得明显，初凝后 8h 的养护即可有效控制收缩。

吴伟松等[115]通过测试自由状态下高强混凝土自收缩应变和约束状态下自收缩应力，分析了养护温度和水灰比对自收缩应变和应力的影响。实验结果表明，养护温度越高，自收缩应变和应力的发展速度越快，其数值也越大；水灰比越大，养护温度对自收缩应力的影响越大；由于混凝土结构早期徐变的作用，自收缩应力的发展速度小于自收缩应变的发展速度。

胡巧英等[116]通过试验考察了拟绝热养护和恒温养护条件下高性能混凝土的自收缩特性。试验结果表明，拟绝热养护条件下高性能混凝土自收缩值远大于恒温养护，且水灰比越高，自收缩越明显。在拟绝热养护条件下产生的过大的温度应变值使混凝土的自收缩应变出现不同程度的波动，且波动随水灰比的降低而减小。

高原等[117]通过试验测定了密封养护条件下混凝土内部相对湿度和自由变形。实验结果表明，内部相对湿度和收缩具有较好的同步性。他们认为混凝土内部相对湿度的变化可以被看作自收缩变化的驱动力，并建立了以水泥水化度和混凝土内部相对湿度为内因的自干燥与自收缩模型，该模型可用于不同养护环境下混凝土自干燥与自收缩的分析预测。

5.1.3　养护对高性能混凝土耐久性的影响

Gong 等[118]对比研究了标准养护、蒸汽养护和施工现场养护这三种养护方式下高性能混凝土的电通量及碳化深度。研究结果表明这三种养护方式对混凝土的电通量影响不大，对高性能混凝土的抗氯离子渗透能力影响也不大，但蒸汽养护可以改善混凝土的抗碳化性能。王育江和田倩[119]研究了不同湿养龄期对高性能混凝土电通量的影响，发现电通量对湿养龄期不敏感，但延长湿养龄期可以降低碳化深度。王强和石梦晓[120]研究了不同标准养护时间对混凝土表层氯离子渗透性和本体氯离子渗透性的影响。试验结果表明，相对于本体氯离子渗透性，表层氯离子渗透性对标准养护时间更加敏感。缩短标准养护时间能显著降低混凝土的表层抗氯离子渗透性，且混凝土强度越低，效果越明显。由此可见，关于养护对高性能混凝土抗氯离子渗透能力的影响，不同的测试方法将得出不同的结论。

通常来说，延长养护时间可以使水化反应进行得更加充分，从而提升混凝土的性能。但管学茂等[121]的试验表明，低水灰比的高性能混凝土内部存在大量未水化的水泥颗粒，后期遇到适宜的温湿度条件将继续水化，从而导致混凝土遭受损伤。Maslehuddin 等[122]研究了养护方式对混凝土中钢筋锈蚀的影响。试验结果表明，与覆盖湿毯子相比，涂刷养护剂的混凝土腐蚀电位更高，腐蚀电流更小，说明用养护剂养护的混凝土的护筋性更好。方璟[123]等的研究表明，水养护可以使受到冻融破坏的混凝土自愈合，并且自愈速度与养护前被破坏的程度有关，破坏程度越重，自愈速度越慢，破坏程度越轻，自愈速度越快。

综上所述，不同养护方式严重影响混凝土的质量，如何严格控制混凝土养护时的温度和湿度，是提高混凝土材料耐久性的关键。

5.2　混凝土试块智能养护监控系统

混凝土试块智能养护监控技术的基本原理主要是通过混凝土试块防伪智能管理系统，用自动化、信息化的方式记录试块防伪全过程，对试块养护全程进行监控预警，从而保障混凝土试块养护质量。该技术适用于对结构物混凝土试块养护质量要求高的工程，技术原理如图 5-1 所示，相关养护设备如表 5-1 所示。

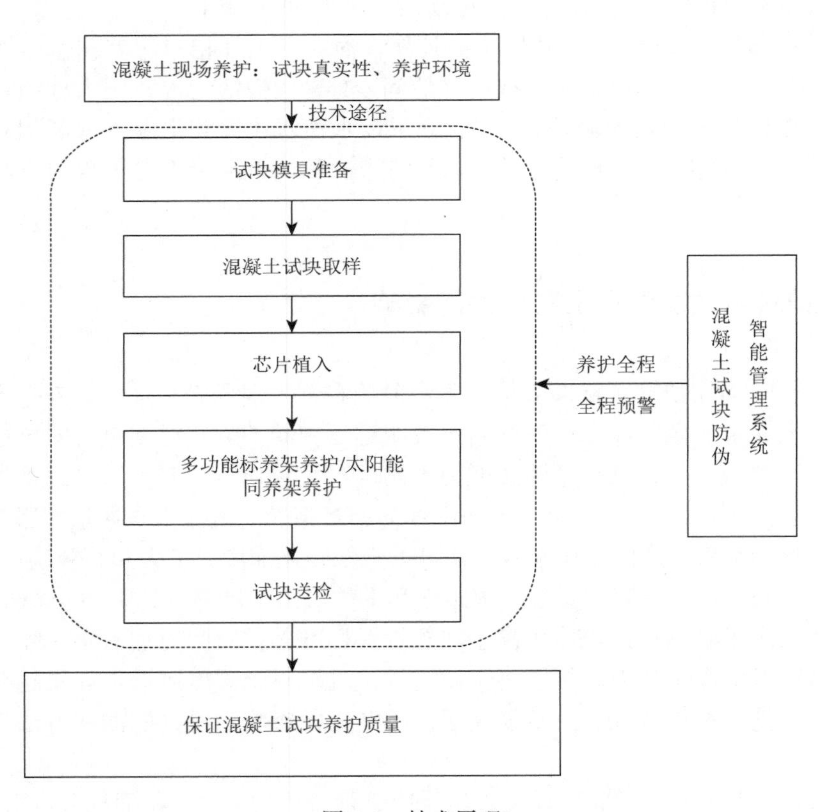

图 5-1　技术原理

表 5-1　试块智能养护设备

序号	名称	参数	数量
1	试块模具	175mm×185mm×150mm	根据现场实际情况按规范要求配置
2	插入式振动棒	25mm	根据现场实际需求配置
3	源代码植入设备	—	1 套
4	多功能标养架	—	根据试块数量配置
5	多功能智能触控一体机	—	1 套
6	太阳能同养架	—	根据试块数量配置

5.3　混凝土智能养护工艺

针对混凝土试块养护，采用智能设备进行取样、养护及监控，并在软件端实现预警功能；该技术通过试块取样时，在试块里植入不可见的唯一源代码，贯穿混凝土试块全生命周期，结合严谨的权限管理，全方面保障试块的真实性。植入芯片后的试块放置在多功能标养架养护/太阳能同养架养护架内，可实时查看多功能标养架养护/太阳能同养架养护架的温湿度情况，能够更高效地保证标养室养护环境及现场混凝土养护。

图 5-2　试块模具清理

（1）试块模具准备。首先将试块模具清理干净，然后在内表面均匀地抹涂膜剂，也可用废机油代替，如图 5-2 所示。

（2）混凝土试块取样。按照规范要求对混凝土见证取样，将混凝土拌合物一次性装入试块模具，装料时应用抹刀沿试块模具壁插捣，并使混凝土拌合物高出试块模具口；宜用直径为 25mm 的插入式振捣棒，插入试块模具振捣时，振捣棒距试块模具底 10～20mm 且不得触及试块模具底板，振动应持续到表面出浆为止，且应避免过振，以防止混凝土离析；一般振捣时间为 20s。缓慢拔出振捣棒，拔出后不得留有孔洞。刮除试块模具口上多余的混凝土，待混凝土临近初凝时，用抹刀抹平，如图 5-3 所示。

（3）芯片植入。采用源代码植入设备在混凝土试块里自动化植入不可见的唯一源代码，如图 5-4 所示，实现试块全生命周期防伪及智能管理。

图 5-3　试块取样

图 5-4　源代码植入设备

（4）多功能标养架养护/太阳能同养架养护。在标养室内（温度为 20±2℃，湿度为95%以上）放置多功能标准养护架，如图 5-5（a）所示，在养护架上放置植入芯片后的标养试块，智能记录、提醒标养试块养护状况。在标养室外放置多功能智能触控一体机，如图 5-5（b）所示，通过该设备对标养室环境进行监控及调控，对标养试块进行全程智能化养护管理。将植入芯片后的同养试块置入太阳能同养架内（依靠太阳能充电），智能记录、提醒同养试块养护状况，如图 5-6 所示。

(a) 多功能标准养护架

(b) 多功能智能触控一体机

图 5-5　养护设备

图 5-6　太阳能同养架

（5）试块养护全程智能化监控管理。通过物联网技术，在数据云平台上查看试块的养护温度、湿度、数量、样品批次、时间等，如图 5-7 所示，并对试块养护的温度和湿度偏差进行预警，将预警消息推送至相关管理人员的手机上，管理人员及时主动地采取纠偏措施以保证养护质量。

（6）试块送检。试块达到规范要求的养护龄期后，送至具有检测资质的检测单位进行检测，检测合格后领取合格报告。

图 5-7　试块养护数据平台

5.4　应 用 案 例

1. 大运会东安湖片区基础设施建设项目

大运会东安湖片区基础设施建设项目，包含湖底下穿隧道、景观桥梁、建筑等多种类型结构物，其湖底下穿隧道作为成都市第一条湖底隧道，混凝土防水质量要求高，且工期紧、受关注度高。2020 年 3 月，东安湖下穿隧道主体结构进入施工阶段，项目引入混凝土试块智能监控养护系统，由项目专业试验员负责按照规范要求对现场混凝土试块进行取样。该项目创新使用了自主搭建的智慧建造管控平台，并将养护数据及预警信息接入平台进行查看，加强了对试块养护数据的监控。

依靠此项技术，项目湖底下穿隧道混凝土试块养护质量得以保障，结构完工后，混凝土裂缝、蜂窝等质量问题明显减少，获得了监理单位、业主单位一致好评。

2. 成都环城生态区生态修复项目

成都市环城生态区生态修复项目通过推广应用混凝土试块智能监控养护系统，切实提高了项目景观桥梁及结构物混凝土试块养护质量，保障了结构物的实体质量，大幅提高了质量管理人员的工作效率，并取得了良好的经济与社会效益，现场应用情况如图 5-8 所示。

(a) 试块制作

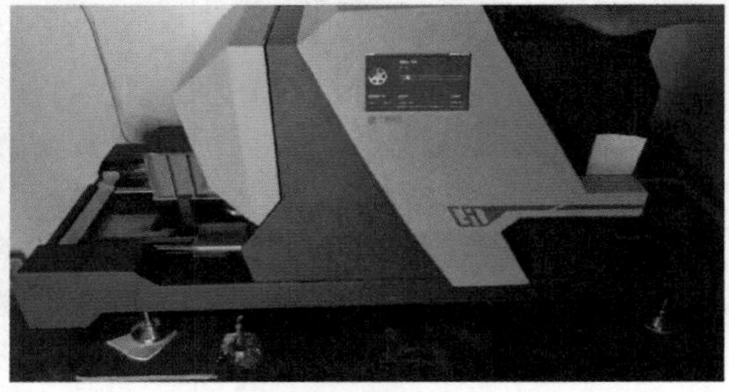

(b) 芯片植入

(c) 现场智能多功能标养架养护、太阳能同养架养护

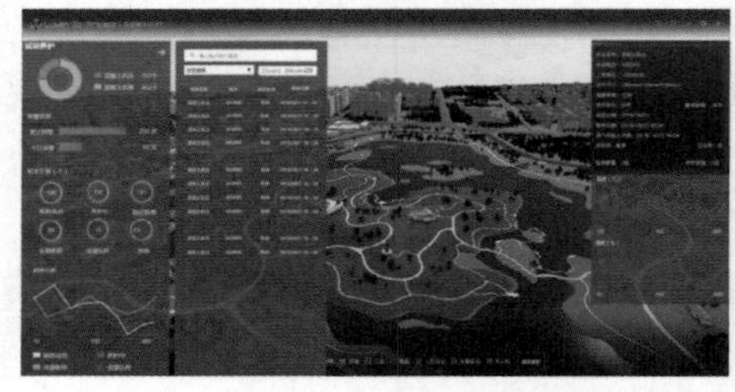

(d) 电脑及手机终端监控

图 5-8　混凝土试块智能监控养护系统

第 6 章　景观湖湖底复合防渗技术

6.1　防 渗 材 料

土工膜用于防渗的历史较早，从石油沥青到高分子聚合物，这种材料集合了当代科技的精华。随着石油工业的发展，很多在石油中提炼出来的新材料逐渐有了新的用途，从而赋予了这种古老的材料新的生命力。在这个过程中，土工膜逐渐克服了延展性较差的问题，同时各项工艺的成熟，也为其综合性能的提升奠定了基础。

土工膜是一种连续、柔软的薄型防渗材料，具有下列优点：

（1）防渗性能好。只要正确设计，精心施工，土工膜就能达到较好的防渗效果。

（2）适应变形的能力强。土工膜具有良好的柔性、延伸性和较强的抗拉能力，不仅适用于各种不同形状的渠道断面，而且适用于可能会发生沉陷和位移的渠道。

（3）质轻，用量少，运输量小。土工膜薄，质轻，故单位质量的膜料衬砌面积大，因而用它作防渗材料，用量少。同时，土工膜运输成本低，对于交通不便、缺乏其他建筑材料的地区尤为适用。

（4）施工方便，工期短。土工膜质轻，用量少，施工时主要是填挖方、铺膜和膜料接缝处理等，不需要复杂的技术，施工简单易行，工期短。

（5）耐腐蚀性强。土工膜具有较好的抵抗细菌侵害和化学作用的性能，不易受酸、碱和土壤微生物的侵蚀，耐腐蚀性能好，因此，特别适用于有侵蚀性水文地质条件及盐碱化地区的渠道或排污渠道的防渗工程。

（6）造价低。据经济性分析，每平方米土工膜防渗的造价为混凝土防渗的 1/10～1/5，或为浆砌卵石防渗的 1/10～1/4。即使采用混凝土板作保护层的土工膜防渗，由于其保护层混凝土板较单层混凝土防渗板薄，其总造价仍不会高于混凝土防渗，并且克服了土保护层糙率大、允许流速小、易滑塌和滋生杂草等缺点。

防渗土工膜在运用中不可避免要老化，因而其耐久性成为普遍关注的问题。国内外在这方面都进行过一定的实验研究工作，我国一些早期使用土工膜防渗工程的实测资料表明，其抗拉强度增长（北京资料为 36%～70%，山西资料为 30%），伸长率降低（北京资料为 15.1%～98%，山西资料为 37.5%，新疆资料为 30%～60%），但仍保持较好的韧性，只要不被外力破坏，可运用较长时间。山东打渔张灌区通过对实测资料进行回归分析，得出土工膜使用年限与伸长率呈线性反比关系，如当伸长率为 0 时视为失效，预计可运用 40～60 年。国外一些资料也表明，聚乙烯膜暴露在大气中可使用 15 年，埋在土中或水下可使用 40～50 年。按我国现行规范的规定，水工建筑物合理使用年限一般为 20～50 年，而一些早期使用土工膜防渗的工程已运行 30 年左右，且仍保持完好。因此，只要精心施工，确保铺砌质量，埋藏式膜料防渗达到工程合理使用年限就不成问题。

1930 年美国用聚氯乙烯膜作为游泳池防渗层，后来又将膜料广泛用于渠道防渗。苏联自 20 世纪 50 年代起，将塑膜广泛应用在渠道防渗工程中。近 20 多年来，土工膜在渠库防渗工程中应用，在国外得到很大发展。我国在 20 世纪 60 年代中期将塑膜用于渠道防渗，一些早期采用塑膜防渗的工程，经过 20～30 年的运用，仍保持完好，显示了塑膜性能好、质轻、柔性大、抗拉能力强、造价低、有足够的使用寿命等特点。针对其抗穿刺能力差、与土的摩擦系数小、易老化等缺点，研究人员对材料性能不断改进，并在衬砌结构形式、垫层和保护层设置以及铺膜接头处理等方面取得了一些经验，逐步将其广泛应用在渠道防渗工程中。近几年来又生产出宽幅高密度、线性低密度以及高充填合金聚乙烯膜，其抗拉强度、伸长率和抗撕裂强度均大幅度提高，同时还开发出了与之配套的多种黏合剂和焊接工艺。20 世纪 70 年代西北水利科学研究所与北海水利科学研究所协作开发出沥青玻璃纤维布油毡，用于渠道防渗工程取得成功后针对其低温变脆、高温流淌及老化等缺点，采用高聚合物及添加剂改善沥青性质，各地陆续开发出苯乙烯-丁二烯-苯乙烯（styrene-butadiene-styrene，SBS）、聚丙烯酸（polyacrylic acid，PPA）等多种类型的改性沥青及高分子防水卷材，其强度和抗渗性均有明显提高。近几年还开发出复合型土工膜，包括一布一膜、二布一膜以及不同厚度系列产品，它充分利用塑膜防渗和土工织物导水性能、受力较好的特点，具有法向防渗和平面导水的综合功能，同时还提高了强度和抗老化性等，但价格较高，适用于标准较高的防渗工程。随着高分子化学工业的发展，新型防渗膜料也有了很快发展。防渗膜料的多样化和复合式衬砌结构形式已成为一种发展趋势，并在工程中日益广泛应用，显示出较大的经济性和优越性。

6.2　防渗结构材料性能要求

膜料防渗多用埋铺式，其结构一般包括膜料防渗层、过渡层、保护层等，如图 6-1 所示。为保证各层发挥各自的作用，选用的材料需符合要求。

1. 膜料

膜料的基本材料是聚合物和沥青，但种类很多，可按下述两种方法分类。

1）按防渗材料分

（1）塑料类，如聚乙烯、聚氯乙烯、聚丙烯和聚烯烃等。

（2）合成橡胶类，如异丁烯橡胶、氯丁橡胶等。

（3）沥青和环氧树脂类等。

2）按加强材料组合分

（1）不加强土工膜。一般可分为直喷式土工膜和塑料薄膜。

① 直喷式土工膜。在施工现场直接用沥青、氯丁橡胶混合液或其他聚合物液喷射在渠床上，一般厚度为 3mm。

② 塑料薄膜。在工厂制成聚乙烯、聚氯乙烯、聚丙烯等薄膜，一般厚度为 0.12～0.24mm。

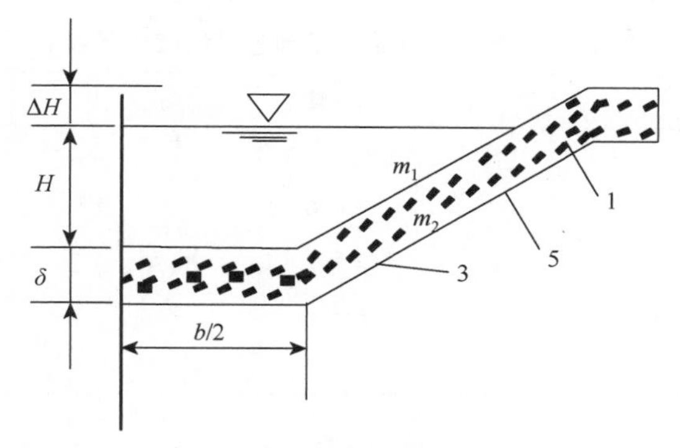

(a) 无过渡层的防渗体

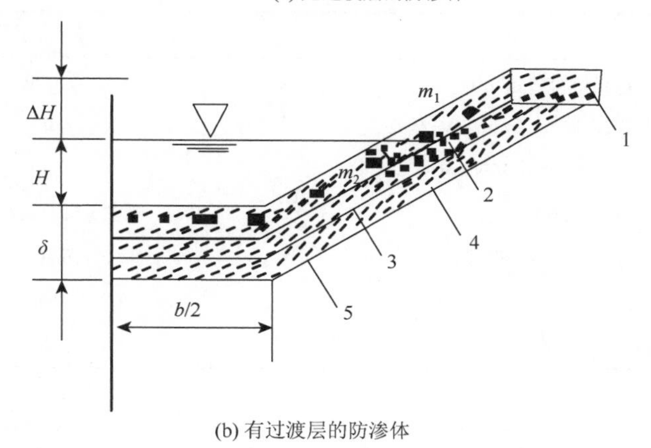

(b) 有过渡层的防渗体

图 6-1　埋铺式膜料防渗体的构造

1. 水泥素土、土或混凝土、石料、砂砾石保护层；2. 过渡层；3. 膜料防渗层；4. 过渡层；5 .土或岩石、砂砾石基础；ΔH：湖堤至水面高差；H：水面至湖底高差；δ：湖床厚度；$b/2$：湖底宽度；m_1：上层断面坡率；m_2：下层断面坡率

（2）加强土工膜，用土工织物（如玻璃纤维布、聚酯纤维布、尼龙纤维布等）作为加强材料。例如，在玻璃纤维布上涂沥青胶压制而成的沥青玻璃纤维布油毡，厚度为 0.60～0.65mm；用聚酯平布加强，上涂氯化聚乙烯，膜料厚度为 0.75mm；用裂膜聚酯编织布加强，上涂氯磺化聚乙烯，膜料厚度为 0.9mm 等。

（3）复合型土工膜，用土工织物作基材，与不加强的土工膜或聚合物，用人工或机械方法合成。复合土工膜可分为单面复合土工膜和双面复合土工膜。

① 单面复合土工膜，就是在土工织物上复合一层不加强的土工膜。

② 双面复合土工膜，就是在不加强土工膜的两面复合土工织物的土工膜。

除上述基本分类外，在土工膜的防渗材料混合物内还可加填充料、纤维、过程助剂、炭黑、稳定剂、抗老化剂和杀菌剂等添加剂，以改善其性能，开发出新的土工膜。

目前，我国防渗工程普遍采用聚乙烯和聚氯乙烯塑料薄膜，其次是沥青玻璃纤维布油毡，此外，复合土工膜和线性低密度聚乙烯等其他塑膜近几年也在陆续采用。聚乙烯和聚氯乙烯塑膜的技术要求如表 6-1 所示。沥青玻璃纤维布油毡的技术要求如表 6-2 所示。

表 6-1　聚乙烯和聚氯乙烯塑膜的技术要求

项目	聚乙烯	聚氯乙烯
容重/(g/cm³)	0.91～0.93	1.20
抗拉强度/MPa	≥10.0	≥20.0
拉断时的延伸率/%	≥280	≥200
使用温度范围/℃	−50～60	−15～60
抗冻性/℃	−60	−25

表 6-2　沥青玻璃纤维布油毡的技术要求

项目	技术指标
单位面积涂盖材料质量/(g/m²)	≥500
不透水性（动水压法，保持 15min）/MPa	≥0.3
吸水性（24h，18±2℃）/(g/100cm²)	≤0.1
耐热度（80℃，加热 5h）	涂盖无滑动、不起泡
柔度（0℃下，绕直径 20mm 圆棒）	无裂纹
拉力（18±2C 下的纵向拉力）/(kg/2.5cm)	≥54.0
抗剥离性（剥离面积）	≤2/3

2. 过渡层

用作过渡层的材料包括土、灰土、水泥土、砂和砂浆等。土料的性能应符合表 6-3 的要求。灰土、水泥土和砂浆的配合比及其组成材料的性能，应符合有关技术要求。

表 6-3　土料的性能要求

项目	用途		
	土保护层及过渡层	灰土过渡层	水泥土过渡层
黏粒含量/%	3～30	15～30	—
砂粒含量/%	10～60	10～60	—
塑性指数 I_o	1～17	7～17	—
土料最大粒径/mm	＜5	＜5	＜5
有机质含量/%	—	＜1.0	＜2.0
可溶盐含量/%	＜32.0	＜2.0	＜2.5
是否含钙质结核、树根、草根	不含	不含	不含

3. 保护层

土、水泥土、砂砾、石料和混凝土等都可用作膜料防渗的保护层。土保护层的土料应符合表 6-3 的要求。用砂砾料作保护层时，砂砾料的级配应符合图 6-2 推荐的范围，最大粒径为 75～150mm。

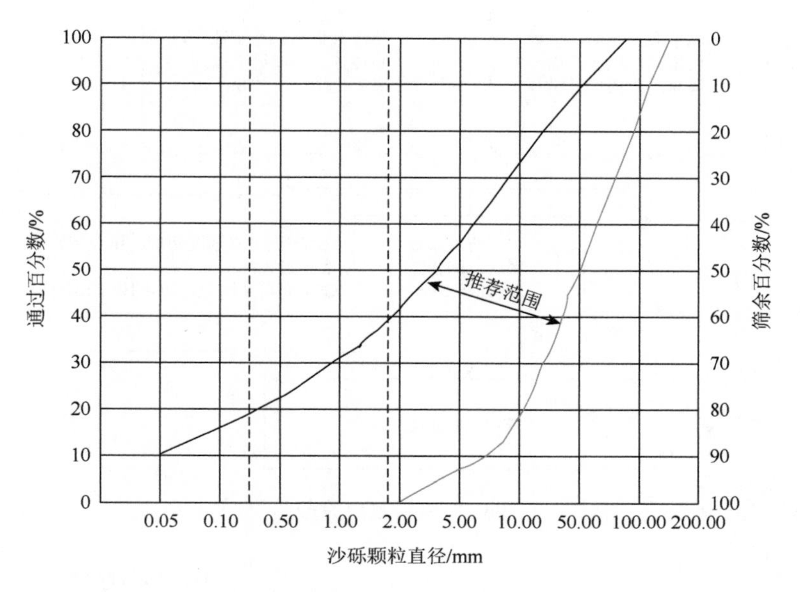

图 6-2 砂砾料的级配

6.3 双层防渗系统的设计

膨润土防水毯（geosynthetic clay liner，GCL）两面均为毛面且不光滑，能与 300mm 厚的黏土夯实，与防渗膜层产生足够大的自然摩擦力，与种植土之间形成较大的摩阻力，防止种植土沿湖坡向湖心滑落，为湖边景观植物生存提供必要厚度的土层，确保景观湖周边景观效果；通过较宽搭接连接，可发生相对位移，不会因地基不均匀沉降及种植土产生的下滑力导致的应力集中而被拉裂，进而影响防水。高密度聚乙烯（high density polyethylene，HDPE）土工膜作为辅助防水层，解决了膨润土防水毯的微渗漏问题，形成长久良好的防水体系。

采用天然钠基膨润土防水毯与高密度聚乙烯土工膜组合防水工艺，天然钠基膨润土防水毯置于高密度聚乙烯土工膜之上，为种植土层提供摩阻力，防止防渗层上种植土向湖心滑移。高密度聚乙烯土工膜设置在下层，防止由地基不均匀沉降导致防天然钠基膨润土防水毯错开引起的渗漏。天然钠基膨润土防水毯之间通过搭接连接，施工简便，可操作性较好。天然钠基膨润土防水毯构成材料对环境没有特别的影响，具有良好的环保性能及永久的防水性能。高密度聚乙烯土工膜具有良好的机械强度、良好的断裂延伸率、优异的抗穿刺能力、优异的稳定性等，抗裂能力良好，能适应地基不均匀沉降变形和抵抗植物根系侵蚀，耐久性强，双层系统的原理图和湖底防渗层施工工法分别如图 6-3 和图 6-4 所示。

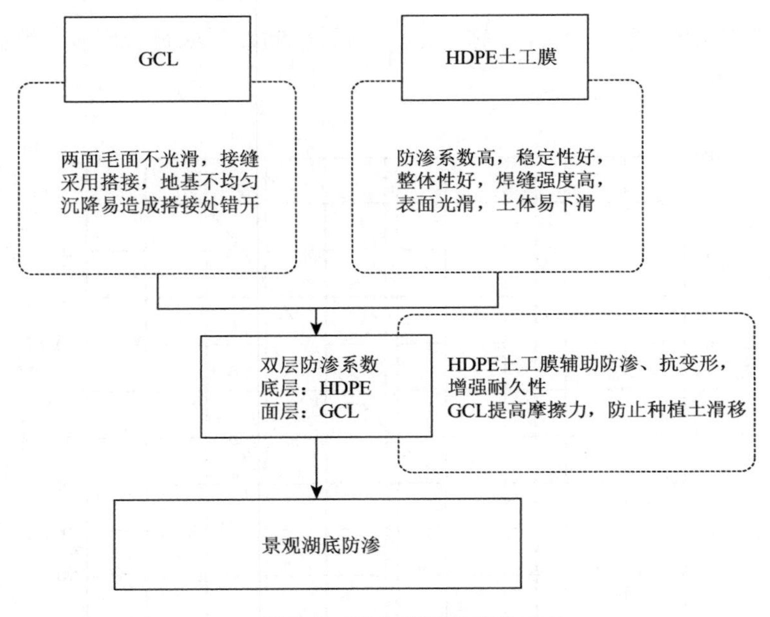

图 6-3　双层系统原理图

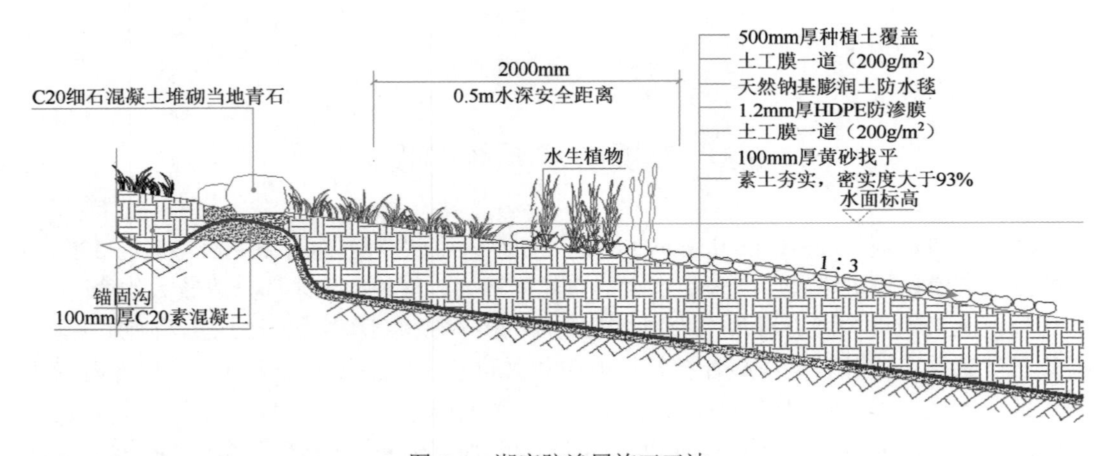

图 6-4　湖底防渗层施工工法

混凝土的强度等级采用混凝土的代号 C 与其立方体试件抗压强度标准值的兆帕数表示，如立方体试件抗压强度标准值为20MPa 的混凝土，其强度等级以“C20”表示

6.4　双层防渗系统施工工艺

1. 施工准备

（1）根据审计要求、合同规定及现行技术规范的要求，确定湖体防水施工标准。

（2）对湖体位置的地质勘查资料进行详细分析，总结地质情况及特点。

（3）根据合同约定并结合水文气象条件，分析湖体施工所需工期。

（4）结合地质情况与特点及工期分析情况，进行各种施工工艺的对比，并分析施工中存在的重难点，确定最优的施工工艺。

（5）编制施工方案及保证措施，对技术管理人员及作业人员进行详尽的施工技术安全交底。

（6）根据湖体设计图，以坡面不出现横缝及转角处不出现十字形焊缝为原则，按高密度聚乙烯土工膜及防水毯尺寸进行 BIM 建模，并对每片高密度聚乙烯土工膜及防水毯进行编号，制作高密度聚乙烯土工膜及防水毯平面布置图；做好下料分析，确定铺设顺序和裁剪图。

（7）检查膨润土防水毯的外观质量，准确记录已发现的机械损伤、孔洞或其他缺陷，以便在铺设时进行修补。

2. 定位放线

熟悉定位放线图纸，按图纸测量 6m×6m 方格网并做好控制桩点的保护工作；依据标高测放等高线，统一标高层面一定间距做桩点，在每个桩点上记录好标高控制点；施工前用白灰撒出圆顺的曲线，在进行人工湖湖体整理前，进行验线并复核标高。

3. 湖底开挖

根据现场水位，边抽水边使用机型开挖，水位保持在开挖面以下 0.5m；对湖体进行分区分段开挖；根据等高线的控制桩开挖至距相应标高 20～30cm 后，进行人工清理。

4. 基层处理

开挖到湖体标高以下 300mm 处，采用黏土进行回填夯实，压实系数不小于 90%。在垂直驳岸与回填交接处 1m 范围内先采用黏土夯实，再采用 300mm 的级配碎石进行换填，以减少刚性挡土墙与湖体素填土间的沉降。

将湖底大块岩石或土体、树根等清理干净，并将湖底整理平整；表面应平整，不应有凸出 2cm 以上的岩石和其他物体，也不能有明显的空洞、裂缝；表面应干燥，无明显的水渍和坑洼；基层、立面部位的阴阳角应做成圆弧或钝角。

5. HDPE 土工膜施工

1）HDPE 土工膜细部处理

（1）景观湖给排水管的施工。景观湖的给排水管应在场底铺设 HDPE 土工膜之前进行预埋。给排水管采用热熔对接，这是工程的重点之一。采用塑管焊接机进行 HDPE 导排水管穿膜的施工。安装情况如图 6-5 所示。

管与膜的衔接焊接应采用管穿膜特殊工艺进行施工，其施工要点为：首先用 HDPE 土工膜制作一个呈喇叭状的管套，小端口径与穿膜管口径一致，大端口径不一（具体尺寸因管而异）并分成 6～8 小片；然后，把管套按由大到小的先后顺序套进穿坝管，同时根据现场实际情况调整好管套的位置并用热风筒进行临时稳固，此时应注意不能让管套有悬空的部位；最后，分别把套管的大、小端口焊接在堤面膜、管道上且在小端处另外用不锈钢带捆扎，不锈钢带由膨胀螺栓固定。

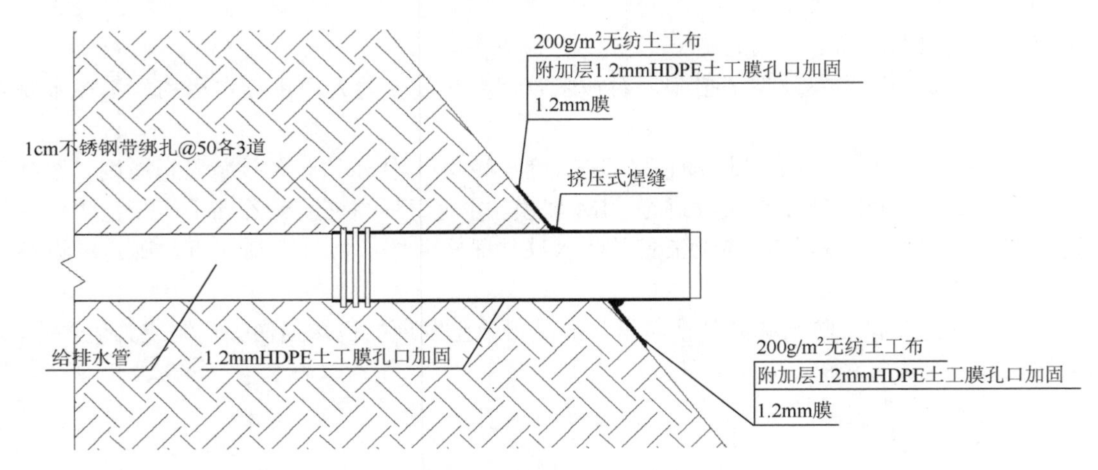

图 6-5　给排水管穿 HDPE 土工膜示意图

@50 表示绑扎的钢带间距 50mm

在具体施工时将 HDPE 土工膜管套和边坡的 HDPE 土工膜用挤压焊机进行焊接，并采用电火花检测仪进行焊缝质量检验。

HDPE 土工膜管穿 HDPE 土工膜的施工工艺复杂，极易出现质量问题。应指派技术精湛、工作责任心强的技术人员用最精良的焊接设备按标准技术规范组织施工，并采取有效的技术保障措施，确保施工质量。

（2）边坡坡面转角的处理。对于 HDPE 土工膜在不规则坡面上的焊接，如果片材布局不合理，焊缝走向与坡度线交角过大，则易造成焊接过程中因两片膜受力不均而出现焊缝搭接越来越少，最后无法焊上，或搭接越来越多，焊缝呈“鱼嘴”形等现象。可从以下两个方面解决以上问题。

① 对于曲率变化较小的边坡，一般在铺设时把片材裁成适当的梯形用于转角位置。事先需要精确丈量转角范围内边坡坡顶和坡脚的尺寸，确定最佳铺设、裁剪方式，把整片膜按斜角裁开，一片正铺，一片反转拼合，以适应地形。

② 对于曲率变化较大的边坡，需要根据现场实际地形确定铺膜方式。一般先找出曲面中心线，以及曲面和直边坡的过渡切线位置，并用白灰线在场地上做好标记，然后采用如图 6-6 所示的两种不同方式精确计算每片膜的尺寸，组合下料。要做到既节约材料，又使焊缝美观牢固，满足质量要求。

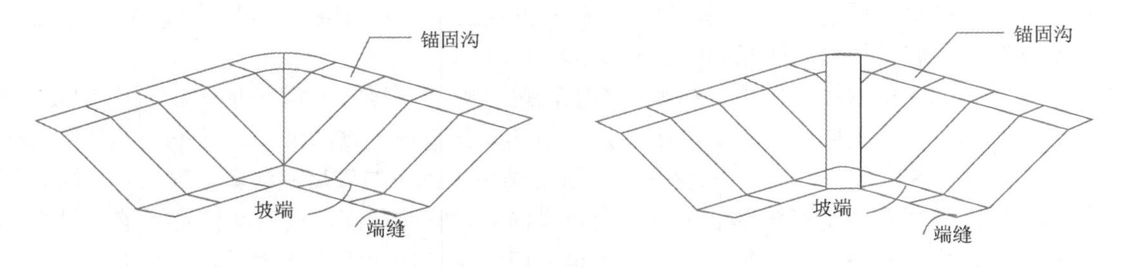

图 6-6　转角处理示意图

2）HDPE 土工膜铺设

（1）铺设前基层应平整，没有废渣、棱角或锋利的岩石，15cm 之内不应有石头或碎屑，不应产生压痕或其他伤害。

（2）铺设应一次性展铺到位，不宜展开后再拖动。

（3）对场地拐角部位按排版设计进行铺设，减少十字形焊缝以及应力集中。

（4）铺设总体顺序为“先边坡后场底”，卷材自上而下滚铺，确保贴铺平整；斜坡上不出现横缝，膜在边坡的顶部和底部延长不小于 1.5m。

（5）为避免 HDPE 土工膜被风吹起，在外露边缘采用临时压载（沙袋或土工织物）压住。

（6）根据焊接能力安排每天铺设的 HDPE 土工膜数量，当天铺设的膜当天焊接完成。在恶劣天气来临前，减少需要铺设的 HDPE 土工膜数量，做到能焊多少铺多少。

（7）检测铺设区域内每片膜的编号与平面布置图的编号是否一致，确认无误后，按规定的位置，立即用沙袋进行临时固定，然后检测膜片的搭接宽度是否符合要求，需要调整时及时调整，其施工图如图 6-7 所示。

图 6-7　HDPE 土工膜防水施工图

3）HDPE 土工膜焊接要求

（1）水平接缝与坡脚和存有高压力地方的距离须大于 1.5m。

（2）接缝均采用双轨热熔焊机焊接，局部修补可采取其他方式。焊接前必须进行试焊，并进行剥离剪切试验，测试焊缝的撕裂强度和抗剪强度。

（3）每条焊缝应逐条检验。焊缝不得出现虚焊、漏焊或超量焊。

（4）焊接以双轨热熔焊接为主，单轨焊接辅助，对于双轨焊机无法焊接的地方采用单轨焊接。

相邻两层 HDPE 土工膜搭接边经过电热楔加热后再焊接压轮，在传动压轮的压力作用下，两层 HDPE 土工膜紧紧黏接在一起。

双轨焊机焊接分为调节加热、定速恒温、搭接检查、启动焊接 4 道工序。手提焊枪（单轨焊机）焊接一般也按四道工序进行：搭接检查、热黏、打毛、焊接。

图 6-8 为双轨、单轨焊接示意图。

试焊：每天上午、下午开始焊接施工时，必须先制作试件，并对试件进行测试，试件合格后才准许正式焊接。

4）注意事项

（1）HDPE 土工膜顺坡长方向铺设，斜坡上不得有水平接缝。

（2）焊缝平行于垂直坡度线，不应与水平式斜坡相交，如图 6-9 所示。

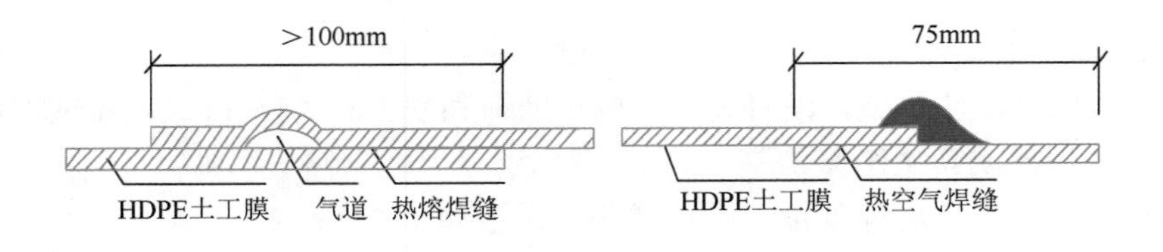

双轨焊接形式

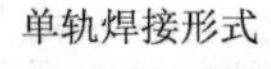

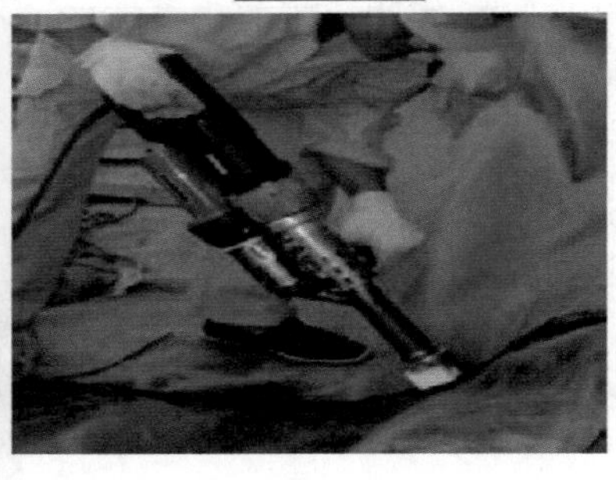

图 6-8　焊接示意图

图 6-9　土工膜焊接示意图

（3）水平接缝与坡脚和存有高压力地方的距离须大于 1.5m。

（4）焊接前必须将 DPE 土工膜表面的油脂、湿气、灰尘、污物碎片清理干净。

（5）焊接部位不得有划伤、污点、水分、灰尘及其他妨碍焊接和影响施工质量的杂质。

（6）焊接处需要打磨时，其宽度应和焊缝宽度一致，打磨后的表面必须保持清洁，遇污物时，要用干净的棉纱擦拭后再焊，必要时应重新打磨，切忌用手擦拭，如图 6-10 所示。

（7）焊接的温度、速度和压力必须经过实验和检测后确定。

（8）当环境温度高于 40℃或低于–3℃时应该停止焊接。

（9）焊条必须与膜材料一致。

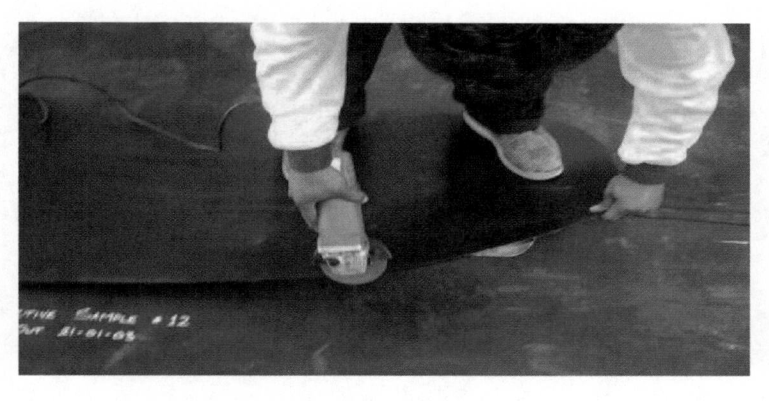

图 6-10　打磨示意图

（10）焊接处的厚度不得小于膜厚度的 1.5 倍。

（11）焊接质量的检测标准执行相应的产品质量标准，但不得低于国标要求。

（12）采用单轨焊缝焊接时紧靠两层 HDPE 土工膜的接合部位必须打磨，否则会影响焊接质量；禁止有高温造成的未使用过的挤出焊条（粒）与 HDPE 土工膜或任何其他土工织物层粘连。

5）焊接的空气压力测试

（1）焊缝的现场检验频率为每 150m 焊缝一次。

（2）测试设备应包括（适用双轨焊接方式）如下：

① 气泵或气筒；

② 带有连接固定装置的软管；

③ 空心针或其他得到认可的输气装置和软管连接装置。

（3）测试应按如下程序进行：

① 用单轨挤压焊条块将测试焊缝的两端密封；

② 将空气输入装置（如针）插入热熔焊接产生的封闭气腔内；

③ 启动气泵并将压力增至 250kPa；

④ 关气泵阀门，待气压表压力值稳定后观察并在测试程序单上记录稳定的空气压力值；

⑤ 如果压力低至最大允许压力差或压力不稳定，则焊缝不合格，对失败的焊缝位置进行记录，待修补后进行重复检测；

⑥ 如果压力差超过 10kPa，该焊缝被认为焊接失败；

⑦ 如果压力不变，一旦测试结束，打开焊缝的另一端气腔，以检查形成的密闭通道的连续性。如无空气泄漏，探出并标明密闭的区域，根据质量规章重新测试未加压区域。如果在打开焊缝的另一端后有空气泄漏，则说明焊缝连续。拔除充气装置，用挤出焊对开孔进行修补。

6）边坡锚固沟的处理

为了将湖底防水结构固定，须在驳岸设置锚固沟，锚固沟规格为 50cm×50cm，锚固沟角度应呈弧形或小角度，使 HDPE 土工膜能平顺地与沟壁贴合，避免过度弯曲、悬空等情形，如图 6-11 所示。

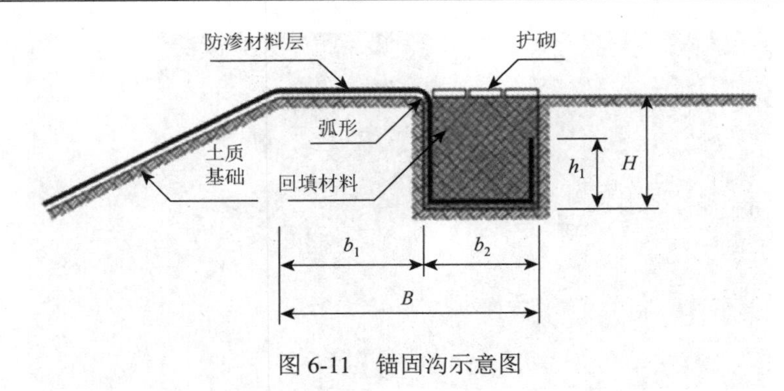

图 6-11　锚固沟示意图

H：锚固沟高度；h_1：防渗材料层上翻高度；b_1：坡顶至锚固沟前边缘宽度；b_2：锚固沟宽度；B：坡顶至锚固沟后边缘宽度

6. GCL 施工

1）GCL 铺设前的准备工作

（1）做下料分析，画出 GCL 铺设顺序和裁剪图（辅助工具准备齐全）。

（2）检查 GCL 的外观质量，记录并修补已发现的机械损伤和生产创伤、空洞等缺陷。

（3）GCL 的施工应在无雨、无雪天气下进行，施工时如遇下雨、下雪，应用塑料薄膜进行遮盖，防止其提前水化。

2）GCL 的铺设

（1）宽幅大捆 GCL 的铺设宜采用机械施工；不具备条件或采用窄幅小捆 GCL 时，可采用人工铺设。

（2）按规定顺序和方向分区分块进行 GCL 的铺设。

（3）铺设 GCL 时，GCL 与 GCL 之间的接缝应错开，不宜形成贯通的接缝。

（4）GCL 搭接面不得有沙土、积水（包括露水）等影响搭接质量的杂质存在。

（5）栈道圆柱立面上铺设 GCL 时，为避免其滑动，可用细铁丝扎紧固定，然后用 1∶2 水泥砂浆粉刷。

（6）施工时，GCL 沿水流方向顺水搭接，上游的 GCL 搭在下游的 GCL 上。

（7） 考虑基础的下沉变形，必要时可以在底部打皱 1 个或 2 个 GCL，打皱长度为 100mm 左右。GCL 的铺设高度必须超出最大设计水位 100mm 左右。

（8）锚固部位处理施工时，四周均设置锚固沟，锚固沟深 400mm、宽 400mm，外侧加 200mm 压边。待 GCL 铺设完成后，再用泥土覆盖压实。

（9）GCL 应自然松弛并与支持层贴实，不宜折褶、悬空。

（10）无法进行 GCL 大面积施工时，可使用搭接的方法进行施工。

（11）GCL 搭接施工方法：搭接宽度纵向为 30cm，横向为 50cm，在距搭接底部边缘 15cm 处均匀撒上膨润土干粉或膨润土胶泥，施撒区域宽度为 15cm，施撒密度为 0.4kg/m^2。

（12）铺设过程中应随时检查 GCL 的外观有无破损、孔洞等缺陷。发现有孔洞等缺陷或损伤时，应及时用膨润土干粉（或膨润土胶泥）进行局部覆盖修补，边缘部位按搭接的要求处理。

7. 种植土回填

种植土回填施工前确保搭接部位、锚固部位、GCL全部处理完毕。回填500mm厚种植土后进行夯实，再在上面铺鹅卵石。回填施工是保证GCL防水效果非常关键的环节，必须符合下列要求：

① 铺设施工完的防水毯，必须于当日（最多不超过二日）完成回填施工；

② 所有回填土中不得含有10mm以上的石子等杂物。

8. 劳动力组织

劳动力组织如表6-4所示。

表6-4　劳动力组织

序号	工种	数量/人
1	安装工	10
2	焊工	6
3	起重工	1
4	电工	1
5	测量工	1
总计		19

6.5　双层防渗系统施工质量要求

（1）质量控制标准。施工材料及操作需满足《聚乙烯（PE）土工膜防渗工程技术规范》（SL/T 231—1998）与《垃圾填埋场用高密度聚乙烯土工膜》（CJ/T 234—2006）的相关要求。

（2）施工允许偏差如表6-5所示。

表6-5　施工允许偏差

序号	检查项目	规定值或允许偏差	检查方法和频率
1	平面位置	符合设计要求	经纬仪：按设计图控制坐标检查
2	宽度	小于±1%	尺量：每个（段）检查
3	厚度	极限偏差控制在±10%	尺量：每个（段）量5处
4	高度	不小于设计	水准仪或尺量：每个（段）检查5处
5	底面高程	不高于设计	水准仪：每个（段）检查5点
6	外观质量	符合设计要求	目视：每个（段）检查
7	技术性能指标	符合设计要求	检测报告

6.6 应用案例

双层防渗系统已成功应用于四川轻化工大学白酒学院二期项目、宜宾市科技研究中心项目，建设施工周期内未发生基坑变形、漏水等隐患事故，方案实施方便、支护成本低，效果良好。

1. 工程应用实例一

四川轻化工大学白酒学院二期工程位于宜宾临港开发区，项目总建筑面积为 38.73 万 m^2，地上建筑面积约为 35.8 万 m^2，地下建筑面积约为 2 万 m^2。项目场地大约呈东西向长方形状，现为深丘-沟谷地形，丘间沟谷宽缓，多为农田、耕地和鱼塘，场地整体起伏较大。建设内容包括公共教学楼、图书馆（含校史档案馆）、体育馆、酿酒生物技术等专业教学楼以及校园道路、绿化景观等基础公共设施及室外附属配套工程。

由于现有驳岸及湖底基层多为风化岩碎石回填层，回填深度为 3～4m，湖底及驳岸防渗性能极差，为了使人工湖体水位达到设计要求，根据工程设计图纸要求，采用天然钠基 GCL＋1.2mm 厚 HDPE 土工膜组合防渗。湖底和湖面高差约 3m，考虑到回填土时 HDPE 土工膜表面摩擦力小不利于回填土的夯实和后期回填土遇水后下沉时会自然滑落。首先采用 300mm 厚黏土进行回填，并进行分层夯实处理，建议夯实度≥93%以上；其次铺设 HDPE 土工膜，待 HDPE 土工膜检测完毕，进行天然钠基 GCL 铺设；最后回填种植土。

通过应用该施工工艺，提高了湖体防水的施工质量，防止了湖体的种植土向湖心滑移，保证了工程安全，缩短了工期，取得了良好的经济效益和社会效益，得到监理单位、业主的一致认可。

2. 工程应用实例二

宜宾市科技研究中心位于宜宾市临港开发区沙坪路旁。工程占地面积约为 21.2 万 m^2，建筑面积合计约为 73576m^2，地上建筑面积约为 53426m^2，地下建筑面积约为 20150m^2。建设内容包括院士楼、专家楼、人才周转住房、食堂、市科技馆以及配套附属设施及室外绿化景观工程。

景观湖湖体防渗施工工法在宜宾市科技研究中心项目中得到完美的应用，节约了施工成本，确保了景观湖施工质量、安全和工期，得到业主、监理单位的一致好评，取得了很好的经济效益和社会效益。

第 7 章　景观工程精细化施工技术

7.1　景观工程概述

在以“公园城市”理念为核心的未来城市发展战略背景下，景观工程在城市建设中的重要性日益凸显。自然景观和人文景观是构成景观工程的两大部分，自然景观指存在于地球上且以自然形式出现的景观，如高山、江河、湖泊、植物等；人文景观是由人建造的景观，主要满足人的物质需求和精神需求，如随处可见的公园景观、小区景观、商业街景观、休闲度假区景观，其中包含亭、台、楼、阁、雕塑及其他有关设施。景观工程涉及众多领域，如天文、地理、工程、美学、生态学等，而景观工程就是通过施工人为创造出的空间[124]。

景观工程类型主要有公园景观、商业街景观、小区景观、市政道路绿化景观、城市广场景观等。每个类型的景观被赋予了不同的功能、意义，其带来的效果是不同的。景观工程按照造园的常见要素分为园林建筑景观、植物景观、小品景观、园路景观。

7.1.1　园林建筑景观

园林建筑是建造在园林内供游人观赏、休憩使用的建筑物，园林建筑有亭、廊道、楼阁等。

建筑景观在园林景观中有 5 个方面的作用：一是造景作用，建筑景观作为造园的重要要素，其本身具有观赏性，是组成景观的一部分；二是观景作用，置身于园林中作为观赏者欣赏园林的视点；三是使用作用，提供休憩及活动的空间；四是功能作用，园林建筑通常承担售卖、展览等功能；五是过渡作用，园林建筑通常体量较小，构造简单，是对主体建筑的补充或起联系作用。

7.1.2　植物景观

植物配置设计是景观工程的点睛之笔，直接体现出景观工程的观赏价值和美学价值的内涵，是景观工程关键的设计要点。

景观植物作为景观材料，包括花卉、藤本植物、乔木、灌木、草坪植物、地被植物六大类。不同植物构成了不同的空间结构形式。

1. 孤立树栽植

孤立树通常赋予点景的园林功能作用，一般采用寓意独特、高大且树形优美、花朵繁盛、冠形广阔的苗木。在配置时放置在空旷的草坪、山坡、孤岛上等，以强化该区域的景观美感，在种植时树穴要大、肥料要足。

2. 树丛栽植

风景树丛栽植一般借用乔灌木的区域强化作用，种植几株或十几株相同或不同的乔灌木。树丛栽植一般选择树形、叶色、花色呈鲜明对比的树木，根据区域景观效果的不同构成或饱满或稀疏的景致。在树丛栽植时中央选用最高且直立的树木，密植时，可土球紧挨不留间距。

3. 风景林栽植

风景林是相同树种栽植形成的林带，根据设计意图的不同，采用独特、胸径一致且高大的乔木。种植时要根据设计定位要求进行放线、定植。避免栽植后效果生硬呆板，排布不应呈直线，而应呈现自然曲折的形状。

4. 道路绿化栽植

市政道路的绿化越来越得到青睐，原因在于既可以提高城市绿化率，又可以美化环境、净化空气、减少枯燥的钢筋混凝土景观。政府通过兴建城市地下综合管廊有效地增加了地面的种植空间，可以在行道两侧种植乔木、灌木。栽植要求整齐有序，错落有致，种植后应做好支护，以防止树木倾倒。

5. 草坪栽植

栽植草坪前，首先要清除杂物与杂草，便于土地的平整与耕翻；其次局部土质欠佳的地方要换土；最后要再次进行平整，土层厚度保持在 40cm 左右。

7.1.3　小品景观

小品是景观工程中的点睛之笔，具有休憩、点缀、照明、指引、服务及景观工程管理作用。过去小品景观一般体量较小、色彩单纯，近几年在应用上追求体量和吸引眼球的效果，对空间起点缀、主导作用，成为园林景观的重要组成部分，具有种类繁多、样式多变、功能明确等特点[125]。

景观小品按功能一般分为装饰型、服务型、展示型和附属型，按材质一般分为石材型、铁艺型、塑料型、高分子型等。例如，供休憩的木座椅、铁艺座椅、石材座椅等，供游人通行的花架和廊架，指导游人行进的指示牌，以及具有观赏性的景观艺术雕塑及景观区照明设施等。

7.1.4　园路景观

在景观工程中，园路是不可缺少的设计内容，通过园路能引导游人到达各个景观点，欣赏不同区域和视角的景观。园路分为便于车辆进出的道路，一般为主干道路、从主干道路下分出的次干道路，以及为了尽量避免破坏原生态的环境而修筑的游步道；主干道宽度应达到 3m 以上。对主干道进行设计时，通常会设计一定的坡度，以此取代一部分台阶，这样能保证主干道的多用性和顺畅性；次干道是园林中不同景点间的主要通道，通常次干道和主干道相接，能保证小型园区车辆正常通行；对于游步道，其主要作用在于把游客引至园林深处及角落，满足游客散步和休憩等需求。一般游步道多设于山上、水景和树林的深处，其宽度不宜过大，满足基本步行需求即可[126]。

7.2　风景园林信息模型技术的应用

风景园林信息模型（landscape information modeling，LIM）技术是创建并利用数字化模型对风景园林工程项目的设计、建造和运营全过程进行管理和优化的技术，其重点在于依托数据和信息进行管理和优化。

7.2.1　LIM 技术应用原理

针对传统景观施工中方案效果表达不直观、实施过程变更量大等问题，运用 LIM 技术创建景观地形、景观植物、景观小品等高精度信息模型，在信息化交互平台上实现景观场景还原。在虚拟场景中根据地形起伏、水流走势、景观建筑布局，对植物品种分配、群落植物的高矮、植物之间的配置方案等进行综合考虑，同时做好各方面的科学合理规划，以此来提高景观工程的整体建设质量，减少返工。基于信息化平台的苗木虚拟建造工艺流程如图 7-1 所示。

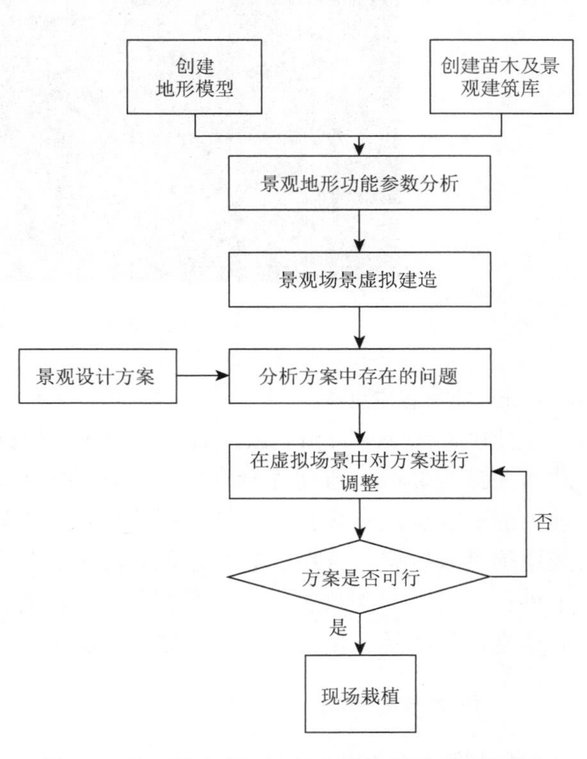

图 7-1　基于信息化平台的苗木虚拟建造工艺流程

7.2.2　基于 LIM 技术的施工工艺

1. 地形建模

1）无人机地形数据采集

结合测区高程数据、面积等信息对单次任务区块进行合理划分，同时提前做好飞行路线规划以避开禁飞区，确保在航线上没有高压线等障碍物并设置好相关飞行参数。保证相邻影像间的重叠度，为获取高质量的模型，通常使航向重叠度不低于 80%，旁向重叠度不低于 50%。采集数据时应提前关注天气情况，确保当天无降雨和大风，为提高曝光质量同时避免阴影对建模产生影响，拍摄时应避免阳光直射。无人机飞行时应保持稳定低速，以保证相机对焦准确，影像清晰，如图 7-2 所示。

图 7-2　无人机地形数据采集

2）地形模型创建

使用 ContextCapture 软件对航摄影像建模进行点云制作，软件通过各种计算密集型算法（关键点提取、自动连接点匹配、捆绑校准、密集影像匹配、鲁棒三维重建、无缝纹理映射、纹理地图集打包、细节层次生成）处理空中三角测量计算或三维重建过程，生成地形点云数据。将点云数据导入 Cyclone 中，所有编辑操作都是在 Model Spaces 模块中进行。对地面构筑物、人员等冗余点云进行人工编辑及修正，确保数字高程地形数据的精度，最终基于编辑后的点云数据创建 TIN 网格模型和等高线模型，如图 7-3 所示。

2. 地形参数分析

1）等高线分析

等高线分析能够直观地展示地形的轮廓和地形的走势，可从地形中划分出山脊、山谷、山峰、丘陵、斜坡、台地、平地等类型，对场地路线规划、景观序列制定、视线组

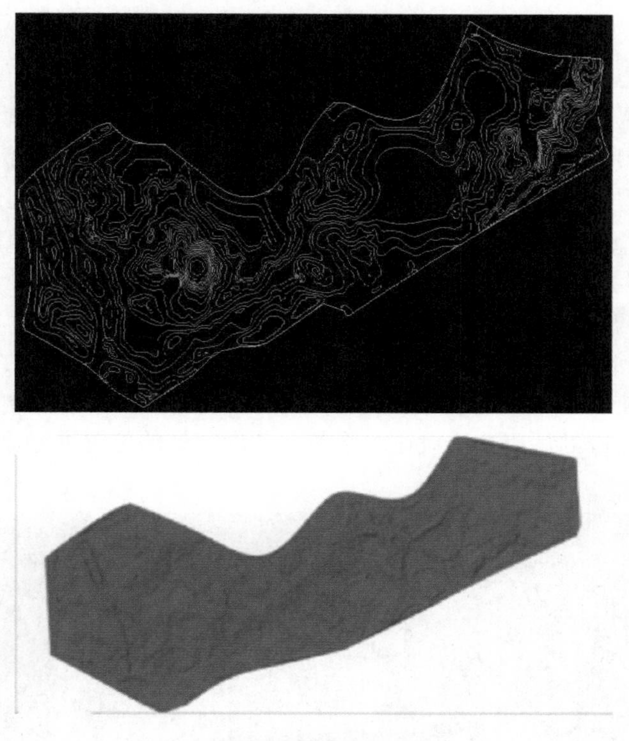

图 7-3　地形曲面模型

织、建筑布局、场地设计等具有重要的指导意义。在 Rhino 中运用 Grasshopper 的逻辑构建，通过输入间距数值，以网格曲面为基础生成等高线，该方法可以依据网格面进行优化，使等高线更加真实圆滑。对生成的等高线进行三维坐标分解，*Z* 轴数据即为线段的高程数据，将数据由小到大进行排列并赋予不同高程数据对应的颜色，如图 7-4 所示。

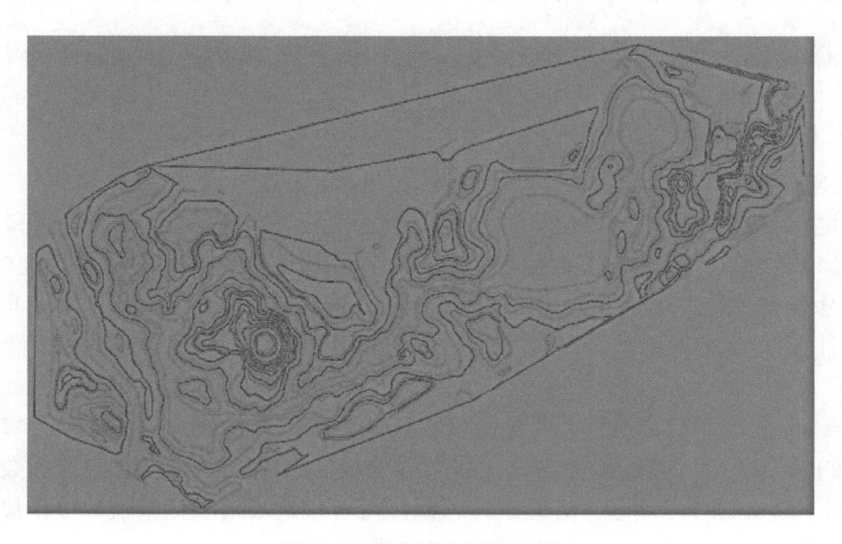

图 7-4　等高线分析示意图

2）坡度分析

坡度分析是在地形模型的基础上，根据地形表面特定点的切平面与水平面的夹角，分析地形表面在该点的倾斜程度。地形的坡度对风景园林规划、建筑设计、道路选线、水土保持、土地利用、植物种植等有着多方面的影响。在风景园林规划设计中，应根据坡度的大小进行相应的道路规划、平台设置、排水组织等；在景观建筑方面，应根据坡度的起伏程度进行建造位置的布局；在植物种植方面，不同植物种植的生长环境与坡度的关系不同，不同类型的植物对地形坡度具有不同的要求。因此，地形坡度分析对生态系统和环境建设具有非常重要的参考价值。

拾取地形网格面，分解面上各点的向量，计算其法线向量与 Z 轴方向所成的夹角，因在 Grasshopper 中计算角度是以弧度为基础的，故需将弧度转换为角度的形式，并根据角度的数值进行排列，然后用分层设色法将各个角度所处的位置进行显示，如图 7-5 所示。

图 7-5　坡度分析示意图

3）坡向分析

景观地形会因其所处地理位置的坡向不同而受到太阳辐射、日照时间和风向等环境因素的影响。通过调整场地区域的坡向，可以利用风向的导向来改善场地的小气候，将场地的功能与风向、日照相关联。通过分析获取坡向的相关信息，综合考虑场地项目规划设计要求及建设用地、环境气候、风向等因素，从而进行场地用地性质和规划设计。

在 Grasshopper 中计算坡向，将地形网格结构拆分成多个细小网格结构，取每个细小网格面上的法线向量，通过插件构建法线向量的投影向量，依据投影向量的数值赋予网格不同的色彩，如图 7-6 所示。借助三维可视化可直观地了解坡向情况，根据该区域的主导坡向分析群落的植物布局和进行整体植物配置的改善。

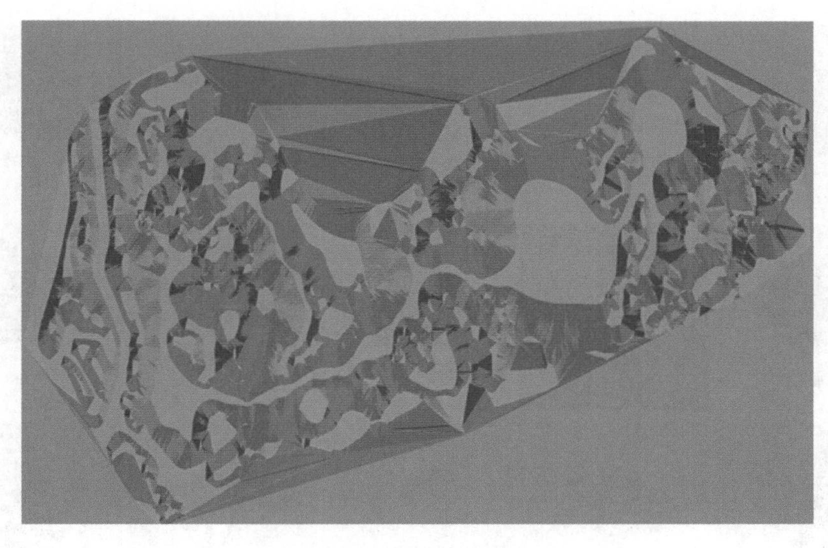

图 7-6　坡向分析图

4）汇水分析

汇水分析是指通过建立地表水流模型，研究地表水流的来源流向和汇聚过程。汇水分析可让景观工程师直观了解雨水的来源流向，通过地形地貌的特征设置相关雨水处理措施，优化场地的空间布局形式。汇水分析需拾取 Surface 的地形曲面进行分析，若地形曲面为网格结构，可通过 Rhino 的布帘曲面进行转换。通过逻辑构建，运用参数的设置，模拟场地地形的雨水汇聚过程，得到汇水分析结果，如图 7-7 所示。

图 7-7　汇水分析示意图

3. 景观植物建模

使用 SpeedTree 软件进行植物模型创建，该软件采用拓扑结构来制作树木的形体，操作过程相对其他软件较为简单，可调参数多，所建模型形态逼真。依据设计方案，对苗木高度、冠幅、颜色等按照图纸进行 1∶1 建模，并形成景观植物构件库（图 7-8）。

图 7-8　景观植物构件库

4. 场景还原体验

将各种景观模型和元素导入 Luban Editor 软件，进行轻量化处理，实现场景还原，如图 7-9 所示。

图 7-9　景观场景还原

5. 景观方案优化调整

景观工程师在信息化平台上检验景观方案效果，通过 VR/AR 实现场景内漫游，同时结合地形分析数据，对场地的景观植物林相、配置栽植、景观建筑布置进行比选、调整，调整应主要遵循以下原则。

（1）依据地形、日照分析数据，结合各类植物对光的喜好程度、对土壤的适应性和对环境湿度的适应性等，并考虑植物的季相变化和色彩搭配，选择合适的树种并合理配置，以充分发挥植物的观赏价值和生态效益，达到形成稳定的自然生态植物群落的目的。

（2）植物配置应考虑群落垂直结构的多样性，形成“乔木-灌木-草本-地被”的垂直结构层次，并结合每个区域的地形要素选择合适的植物种类，提高植物群落的稳定性与林相景观的多样性。

6. 方案实施

景观工程师对方案优化调整后与设计院、建设单位沟通，评估方案的可实施性，最终形成实施性方案。基于定稿版的场景模型导出平面定位详图及详细工程量清单以指导现场施工，如图 7-10 所示。

图 7-10　场景模型平面定位详图（上）与现场施工（下）

7.2.3　LIM 技术施工质量要求

（1）材料及设备。

地形建模及分析软件：ContextCapture、Cyclone、Rhino（Grasshopper）。

三维树木建模软件：SpeedTree。

景观小品、小型建筑建模软件：3Ds Max。

道路建模软件：Revit。

场景还原编辑器：Luban Editor。

沉浸式漫游平台：Luban City Eye。

实现苗木虚拟建造，需配备专业硬件设备，具体参数如表 7-1 所示。

表 7-1　设备计划表

序号	名称	设备参数	备注
1	主机	CPU：i7 9700K 内存：64GB DDR4 硬盘 1：512GB SSD 硬盘 2：1TB 显卡：RTX2080 网卡：千兆	1 台
2	服务器	CPU：E5-2640V3 内存：64GB 硬盘：1TB×2 显卡：集成 电源：750W 操作系统：Ubuntu 16.04	1 套
3	台式工作站	CPU：i7-7700@3.60GHz 显卡：GTX1060（6GB） 内存：16GB（海力士 DDR4 2400MHz） 主板：戴尔 0VHXCD 硬盘：Conner CP03 256GB	6 台
4	平板电脑	尺寸：9.7 英寸 分辨率：2048×1536 核心数：三核心 处理器：苹果 A8X 系统内存：2GB 存储容量：16GB	6 台
5	无人机	精灵 PHANTOM 4 RTK	2 台

（2）模型精度及细节要求。

① 使用无人机采集原始地形影像数据时，应依据航测区域地形特征，合理规划飞行参数，其中最低点地面分辨率不能低于 0.1m，航向重叠度一般应为 75%～90%，旁向重叠度一般不低于 70%。

② 为保证景观工程师在设计和调整方案时对模型素材的调用，景观植物模型库需涉

及乔木、灌木、藤本植物、草坪植物、花卉、竹类六大类植物，同时植物模型应包含冠幅、胸径、花色、形态等属性信息。

③ 景观建筑及园林建筑模型精度应达到美国建筑师协会 2008 年制定的关于 BIM 建置之细致程度文件中 LOD300 标准，铺装场地应达到 LOD400 标准满足构件单位的加工和安装需求。

（3）景观场景搭建过程应在交互平台上严格按照设计方案，挑选对应的模型 1∶1 布置，确保场景还原效果接近实际呈现效果。

（4）种植土。选用场地内土质疏松的地表土，土壤透水性好，种植土内不含建筑垃圾、草根，土中的石块含量小于 10%，泥岩直径小于 15cm，砂岩直径小于 10cm。厚度及物理化学性质经过实验室确定后，根据相应参数制定切实可行的改良措施。

（5）植物材料。制定苗木进场验收制度，严格按照定稿方案中的选型样式进场，进场时对土球大小、高度、胸径、冠幅、病虫害情况等进行检查，不合格的植物材料进行退场处理。

（6）施工操作中，要坚持实行自检、互检、交接检制度，牢固树立“上一道工序为下一道工序服务”的思想，坚持做到工序不合格不交工。

7.2.4　应用案例

大运会主会场东安湖公园建设项目位于成都市龙泉驿区汽车城大道四段，总占地面积约为 5921 亩，包含水库、园林、桥梁、道路、隧道工程，园区内种植的苗木达 300 余种，有景观桥 2 座。

项目工期紧、社会关注度高，面对园林景观施工的随意性、多变性，该项目采用 LIM 技术指导施工，以加快景观园林施工进度，提升景观品质。在景观深化设计阶段，根据初设文件，建模工程师对园区内具有代表性的 50 余种乔木、80 余种灌木以及景观建筑进行建模，形成标准构件库；针对核心区域进行景观场景还原，将苗木、建筑模型放置在地形模型上，并载入信息化平台中，实现公园场景的 1∶1 还原。同时，景观工程师通过沉浸式体验，确认方案呈现效果；结合景观地形的分析数据，积极预判软景、硬景能否合理搭配、顺接；在模型中直观展示成型效果的基础上，合理优化初设文件，为施工图高效、高质量出图提供保障，避免后期变更造成资源的浪费。

在苗木搭配、树种间距方案的比选中，累计完成 500 余处优化，共调整植物 800 株；在交互平台中，对重点节点进行模拟分析，在模拟的过程中对细部做法图纸进行二次深化，共发现碰撞问题 70 余处。经过对比测算，使用 LIM 技术后节省返工带来的损失共计约 1421 万元；工期方面，相较于常规技术，工期缩短约 20 天。借助 LIM 技术，东安湖公园成功打造了“一湖一环、七岛十二景”的园区景观，实现园区生态效益和生态体验功能的完美结合，从而将东安湖公园打造成迎接全球青年的靓丽名片、市民休闲娱乐的目的地和兼具农业灌溉及生态修复功能的开放型城市生态公园，如图 7-11～图 7-14 所示。

图 7-11　东安湖公园全景图（一）

图 7-12　东安湖公园全景图（二）

图 7-13　东安阁

图 7-14　东安湖公园夜景

7.3　异型结构景观小品数字化施工

景观小品是城市公园的重要组成部分，也是城市文化的重要载体。为了避免风格的同质化，近年来景观小品的设计风格由直线、矩形变为非线性以及复杂的空间曲线。异型结构的景观小品在为人们带来视觉冲击享受的同时，极大地提升了工程施工难度。

7.3.1　景观小品数字化施工原理

异型结构景观小品建造过程中主要存在的难点如下。

（1）景观小品是园林景观造型艺术的一部分，起着画龙点睛的作用，景观小品应与周边地形、植物等元素契合。传统景观小品设计往往针对结构物本身，而忽略了其与周边景观的协调性。

（2）异型结构景观小品中存在大量的空间双曲线、多向多角度复杂构件，构件拆分、尺寸参数提取难度大。

（3）模型拆分后，大多是不规则的异型构件，模具不具备通用性，开模成本高。如何在生产过程中提升效率、保证加工精度同时控制成本，是困扰项目建设者的一大难题。

针对异型结构景观小品施工，本书开发了“设计深化—节点拆分—构件生产—安装定型”的技术路线：使用三维扫描仪 + BIM 技术创建景观环境模型和景观小品模型，对景观小品模型的造型和尺寸参数进行修改调整，使其与周边环境融为一体；进一步对景观小品模型进行参数化建模及构件拆分；利用 3D 打印技术创建模型构件，利用玻璃钢工艺进行外层涂装；将构件编号打包，然后运至现场进行拼装和接缝修复，整个施工流程如图 7-15 所示。

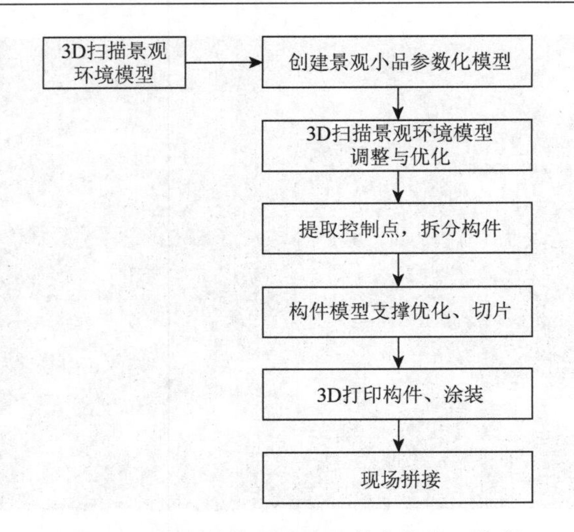

图 7-15　异型结构景观小品数字化施工流程

该技术很好地解决了异型结构景观小品建造过程中存在的各项难题，有效提升了施工效率，保证了工程质量，同时具有广阔的推广应用前景。

7.3.2　景观小品数字化施工工艺

1. 三维扫描创建景观环境模型

创建景观环境模型主要是为景观小品模型的造型优化和尺寸调整提供参考依据，采用徕卡 P40 三维激光扫描仪采集数据，使用 Cyclone 软件处理模型数据。地形营造完成后，在景观小品拟建点位周边区域设站进行扫描，重点针对无边际座椅、视觉导视系统等与地形融合的景观小品。点云数据通过降噪、配准、拼接后，得到各区域景观环境模型，如图 7-16 所示。

图 7-16　景观环境点云模型

2. 参数化建模、模型造型及尺寸参数调整

非线性造型由一定的参数、参考线，按照一个特定的逻辑生成，通过调整参数、参考线和生成逻辑，即可调整曲面造型。通过参数化手段创建的模型，其曲面造型更加可控，更易于调整与变化。参数化建模不仅可以有序调整造型，还可以对模型的各个部件进行参数化修改，如统一调整杆件粗细、节点大小，同一个造型可以通过输入不同的生成模板，形成不同的节点类型。通过这一方法，调整景观小品的效率将会大大提升。

采用 Rhino + Grasshopper 对异型结构景观小品进行参数化建模：首先利用 Rhino 中强大的 Nurbs 曲线绘制出平面曲线，通过样条曲线的控制点进行空间曲线的塑形，从而获取想要的基本曲线，如图 7-17 所示；然后提取曲线信息并导入 Grasshopper 中进行数据处理；最后结合地形、苗木布置等环境参数对模型造型及尺寸进行调整，确保景观小品模型与周边环境达到协调一致的效果。

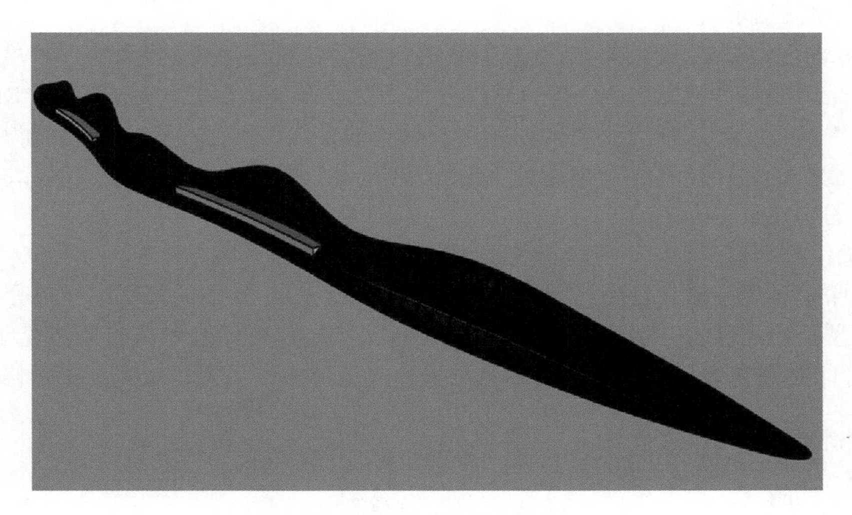

图 7-17　无边际座椅参数化模型

3. 模型拆分及 3D 打印参数优化

各型号的 3D 打印机的成型尺寸不尽相同，采用立体印刷设备（stereo lithography apparatus，SLA）打印机，成型尺寸为 600mm×600mm×400mm，因此需要对模型进行拆分，以符合 3D 打印机的生产尺寸，如图 7-18 所示。在 Rhino 软件中，依据模型结构特点和 3D 打印机生产尺寸，通过算法进行结构分割，拆分出若干可打印的构件。

1）优化模型格式

3D 打印具体实施通过切片软件执行，数据接口通常采用 STL 格式，STL 文件是由多重三角曲面组成的实体，多重三角曲面的数量决定了模型精度，但过多的三角曲面会极大增加计算机的运算负荷。因此，Rhino 在导出 STL 格式的文件时，应根据需求修改适当的参数，一般情况下精度设置为 0.01mm 即可。

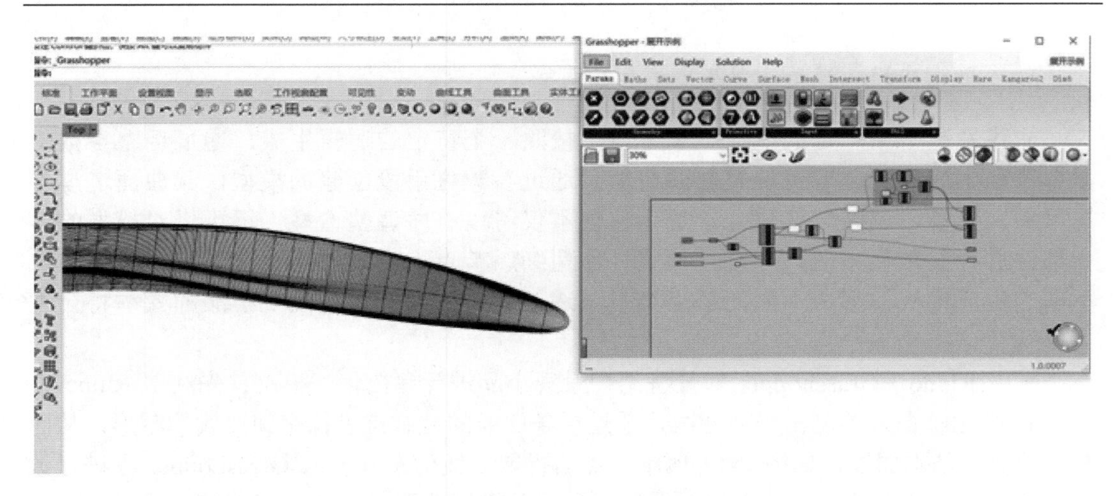

图 7-18　构件拆分

2）优化模型水密性

Rhino 曲面造型的表现效果突出，但它的曲面可以独立存在，没有实体厚度，往往在建模时只是用面来拼接出形状，打印软件会认为这些面是错误的，无法识别。Rhino 提供了外露边缘命令，如果曲面不封闭或者存在单一的曲面，则会呈现出不同的颜色。外露边缘命令能准确地找出物件所出现的不封闭边缘，从而针对错误边缘进行修改，进一步优化模型的构建。

3）优化空心模型

在打印中难免会碰到打印封闭空心模型的情况。SLA 打印的模型中空部分会留有液体，使模型打印不理想，造成材料的浪费。因此，在 3D 打印之前需要提前处理好模型。用 SLA 打印时则需要预留 4～6mm 的孔洞方便液体流出，后期再对孔洞进行修补。

4. 构件 3D 打印、涂装

1）3D 打印

采用 SLA 3D 打印技术，以液态光敏树脂为原材料，将构件模型导入切片软件（Cura）中，对模型进行分层切片，得到模型各层断面的二维数据群 *Sn*（GCode 文件），将文件导入安全数码卡（SD）卡中，计算机从下层开始按顺序将数据取出，通过氦-镉激光器或氩离子激光器发射出的紫外激光束，在液态树脂表面扫描出第一层的断面形状，被扫描部位的光敏树脂薄层发生光聚合（固化）反应，在工作台表面形成成型件的一个薄层界面。当一层树脂扫描固化结束后，工作台上移一个层厚的距离，再进行下一层紫外光扫描和树脂固化，新固化的树脂层与前一层牢固地黏合，如此重复，直至整个工件层固化完毕，最终得到一个完整的制件实体模型，如图 7-19 所示。

2）外部涂装（玻璃钢）

玻璃钢（fiber reinforced plastics，FRP）是以玻璃纤维及其制品（玻璃布、玻璃带、玻璃毡、玻璃纱等）作为增强材料，以合成树脂作为基体材料的一种复合材料。玻璃钢质轻而硬，不导电，性能稳定，机械强度高，耐腐蚀，可使用其制作景观小品外壳。

图 7-19　构件 3D 打印

首先在制作好的模型上喷涂数层聚氨酯胶，确保其在模型表面黏接牢固，然后等待胶液在室温下凝固干燥。在此基础上涂抹玻璃钢，一般采用手糊成型工艺。树脂液与玻璃纤维布交替涂装，重复 5 遍或 6 遍，最终等待玻璃钢固化后进行打磨，如图 7-20 所示。

图 7-20　玻璃钢涂刷

打磨平整后，表面涂刮 2 遍汽车原子灰，原子灰与玻璃钢之间有良好的附着力，待原子灰干透后，打磨原子灰、喷涂底漆 3 遍，为使表面细腻光滑，应再找补一遍原子灰，进行整体打磨抛光。通常上色之后会加喷 2 遍保护层清漆，这样既能抗刮、耐脏、耐久，又能保护作品表面的色彩和细节，如图 7-21 所示。

图 7-21　喷涂漆面及打磨抛光

5. 现场拼装及接缝处理

将构件编号、打包后运送至现场，安装时通常要考虑现场效果和坐凳、树池摆放的环境及地面平整度，坐凳、树池打包装运至现场后，按照拆分编号进行拼接组装还原形态。用膨胀螺丝固定构件，焊接拼接缝，修复玻璃钢，涂刮原子灰，修复面漆，如图 7-22 所示。安装修复是最后一步，也是很重要的一步。安装修复完毕后采用保护膜进行现场包裹保护，尽可能地避免构件损坏。

图 7-22　现场拼装及接缝处理

7.3.3　景观小品数字化施工质量要求

1. 材料和设备

景观小品数字化施工使用的主要材料及设备如表 7-2 所示。

表 7-2　景观小品数字化施工使用的主要材料及设备

序号	名称	参数	数量	备注
1	台式工作站	CPU：i7-7700@3.60GHz 显卡：GTX1060（6GB） 内存：16GB（海力士 DDR4 2400MHz） 主板：戴尔 0VHXCD 硬盘：Conner CP03　（256GB）	3 台	数据处理平台
2	Rhino + Grasshopper	—	1 套	模型深化软件
3	Cyclone	—	1 套	点云数据处理软件
4	徕卡 P40 三维激光扫描仪	最大扫描范围：270m 扫描速率：1000000 点/s 视场角：水平方向为 360°，垂直方向为 290° 距离精度：1.2mm + 10ppm	1 台	场景模型获取设备
5	Cura	—	1 套	3D 打印切片软件
6	Lite 600	成型尺寸：600mm×600mm×400mm 打印精度：±0.1mm（L＜100mm） 最大零件质量：36.2kg（79.8 lb） 扫描速度：18m/s（最大），8～15m/s（典型）	/	3D 打印机
7	光敏树脂	—	—	3D 打印材料
8	玻璃钢	—	—	模型外部涂层
9	原子灰	—	—	模型外部涂层

注：ppm 指距离每增加 1km，距离误差增加 1mm。L 为长度。

2. 质量控制措施

（1）运输安装时应进行包裹，吊装时应做好保护，切忌用铁丝直接捆绑。

（2）玻璃钢是不饱和树脂和玻璃纤维布的固化形式，不饱和树脂在凝固后有一定的收缩率，并且表面粗糙，同时还会产生气孔，需要填补和再次打磨。

（3）景观小品表面图案应清晰完整，曲线优美自然，外观色泽一致。

（4）现场拼接处不能有裂缝、划痕、破损、凹陷等缺陷，且不能有明显的拼接痕迹。

（5）与周围的环境应统一协调、融为一体。

（6）材质颜色应均匀，不应出现色斑或色差。

（7）材质、表面质感、加工质量、成品规格等应符合设计要求。拼接部位的拼缝距离、缝宽要均匀一致，表面应自然光洁，细部要处理到位，外观要和顺流畅。

（8）安装位置和基座的基础砌筑应符合设计要求；景观小品的上部结构安装应牢固可靠，不能有松动现象。上部结构和基座的衔接应自然顺畅，和谐过渡。

7.3.4　应用案例

东安湖公园在地理空间上分为 7 个文化主题岛屿，共计 38 个创作点位，创作主题为“未来之湖，世界之驿”。其在不同创作形式下统一了当代的视觉系统，材质大部分选用镜面不锈钢或玻璃钢烤漆，大体量的艺术点位采用当代色彩程式及构筑形式。

东安湖公园从景观小品的深化设计、构件生产等方面进行了系统的分析、研究、应用、优化、总结，对异型结构景观小品建造的技术、工艺和方法进行五阶段（准备阶段、研究阶段、实施阶段、验证阶段、总结阶段）研究论证，最终使用数字化施工技术施工了“导视系统”“景观树池”“无边际座椅”以及各类异型结构景观小品 150 件，如图 7-23 所示，不仅保证了质量、安全、工期目标，也降低了工程费用，相较传统工艺缩短关键线路工期约 40 天，依据合同工期奖惩规定，节约成本 40 天×5 万元/天 = 200 万元，节省定制钢模 60 套，节约成本 120 万元，共计节约成本 320 万元。

图 7-23　东安湖公园主入口景观小品设计（上）与实物对比（下）

7.4　高空栈道钢桥架精准施工

随着我国科学技术和基础建设行业的飞速发展，钢结构工程的技术越来越先进，其应用发展也越来越快，工程应用范围越来越广泛。特别是大跨度钢结构在大型场馆[以国家体育场（鸟巢）为代表]、桥梁工程中的应用尤其普遍，其中大跨度轻型钢桥架高空景观栈道又是目前发展和应用的热点。

7.4.1　高空栈道钢桥架精准施工原理

钢桥架属于非标定制产品，国内目前尚无专门生产钢桥架的钢结构厂，大都是按工程需要进行定制生产，其定制生产的质量难以控制。中国五冶集团有限公司提出厂内制作与现场施工同步进行，现场及时反馈数据，厂内根据变更及现场测量数据修改厂内构件，确保厂内生产的构件与现场实际需求一致。首先，通过深化设计进行模拟，建立三维模型，提前发现图纸问题，优化结构调整。其次，现场采用高精度全站仪定位预埋件中心及轴线旋转坐标，保证预埋尺寸完全符合设计要求；弦杆采用数控热弯机械进行弯制，腹杆采用自动化数控相贯线切割设备进行下料，通过厂内全站仪定位，立体胎架进行钢桥架拼装，保证制作精度；使用药芯焊丝二氧化碳气以保焊保证焊缝质量，厂内喷涂底漆、中间漆，第一遍面漆进行钢构件防腐处理，减少现场油漆喷涂，以满足环保要求。再次，利用专用运输车辆将桥架分段按区域安装顺序运输至现场，现场根据吊装距离及构件重量，选用合适的吊车进行单跨度整体拼装，再进行吊装以及安装。最后，调整桥架标高及中心，焊接桥架与钢柱的连接支座，并进行格栅板、栏杆等桥面附属设施安装、局部焊渣打磨、底漆补刷、中间漆补刷、防火涂料喷涂、第二遍面漆喷涂，由此即完成钢桥架安装。工艺流程如图 7-24 所示。

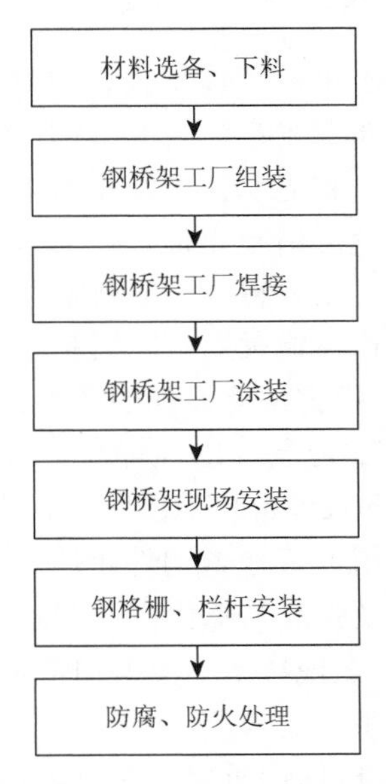

图 7-24　钢桥架高空栈道制作安装工艺流程

7.4.2　高空栈道钢桥架精准施工工艺

1. 材料选备、下料

（1）由于构件外形尺寸较大，因此下料前需对原材料进行抛丸及工艺底漆处理，处理合格后方能进入下料工序。

（2）根据深化设计图纸进行零件材料排版，提出材料计划，减小钢材下料料损，节约成本。

（3）下料主要分为三部分。

① 法兰连接板以及栏杆连接板等小型带孔构件，采用火焰切割或激光切割后用数控平面钻开孔，保证构件制作精度，使之具备互换性。

② 将复核无误的模型导入五轴相贯线切割，调整坡口角度，使之满足焊接要求。

③ 打磨坡口，使之满足焊接要求。

（4）弦杆下料时，考虑到弯制及焊接收缩等问题，每根弦杆两端各需考虑 300mm 的加工余量。腹杆杆件尺寸必须考虑焊接接头的预防收缩量和加工余量（一般为 3～5mm）。

2. 钢桥架工厂组装

由于钢桥架体积大、相对质量轻，且单榀桥架存在空间角度问题，必须根据技术交底合理布置生产车间流水作业生产场地，确保各工序顺利完成。

（1）首先制作组装平台，平台尺寸大于柱顶桥架及主梁连接桥架的尺寸；保证平台防下陷变形措施完备。

（2）在组装平台上利用全站仪按 1∶1 的比例安装桥架立体组装胎膜，胎膜立柱用 H 形钢制作，横梁用工字钢制作，用于支撑桥架主弦杆。弧形胎膜架制作顺序如下。

① 根据深化设计的图纸，按照钢桥架单段（柱顶模块＋主梁模块＋柱顶模块）投影在组装平台上放出地样。放样时首先用全站仪在组装平台上根据构件弧度，按 600～1200mm 长度分出对应的构件点位，然后设置构件测量控制点以及构件曲线半径及圆心，最后利用地规检查构件点位是否与全站仪测量点位重合。必须确保地样半径、单榀钢桥架弦长及弦高与深化设计图纸一致，柱顶位置相对坐标必须与设计一致。

② 在地样上，根据构件长度，合理布置胎膜架立柱。立柱高度需满足前后两榀钢桥架的预拼装要求。

③ 根据钢桥架立面投影及起拱要求在对应立柱位置布置上、下弦杆钢横梁，并准备 5～10mm 厚垫板，做微调整使用。

（3）根据深化设计图纸，将钢桥架主弦杆放置在组装胎膜上，并采用焊接挡板固定四周，使之处于约束状态。

（4）依照先下面后两侧再上面的组装顺序进行腹杆组装。

（5）对需要隐藏的焊缝，必须先完成焊接后，再进行下一根腹杆的组装。

（6）单段柱顶模块及主梁模块焊接完成后，由于柱顶模块为水平设置，因此将柱顶模块水平放置在胎膜架上，调整水平度后，利用 6 线红外水平仪检查模块水平度，并安装连接法兰。连接法兰安装完成后，复核孔距水平距离及对角线尺寸，确认无误后进行定位焊接。

（7）在胎膜架上根据柱顶位置定位柱顶模块支座位置，切割多余的主梁模块弦杆。

（8）将柱顶模块法兰与主梁模块一端的法兰用同规格安装螺栓拧紧，保证无间隙。

（9）焊接主梁模块一端与法兰的连接焊缝，焊接柱顶模块与法兰的连接焊缝。

（10）安装法兰加劲板并完成焊接。

（11）重复步骤（6）～步骤（10），安装主梁模块另一端的柱顶模块及主梁模块法兰。

（12）复核单段钢桥架外形尺寸（柱顶模块 + 主梁模块 + 柱顶模块）是否完全满足制作及安装工艺要求。

（13）拆除安装螺栓，完成单段钢桥架组装。

3. 钢桥架工厂焊接

钢桥架对接焊缝为一级，腹杆与弦杆焊缝为二级。

（1）选派具备一级焊缝焊接技能的焊工进行现场模拟焊接，并进行焊接工艺评定，焊接工艺评定合格且焊缝探伤检测合格后方能上岗操作。

（2）焊接桥架时，为控制焊接变形等，需安排 4 名焊工从桥架中部下弦杆位置进行对称焊接，先焊立焊缝后焊平焊缝。使用混合气体保护焊接，采用小电流减少热输入，电流范围控制在 240～280A。

（3）在杆件等的制作过程中，由于材料、设备、工艺等的影响，不可避免会造成钢构件变形。针对钢桥架杆件数量较多、形状比较一致的特点，主要采用火焰矫正以及机械辅助矫正的方法解决变形问题。

① 钢桥架变形主要是上下弯曲变形和左右不对中变形。当钢桥架上下弯曲变形时采用三角形加热法矫正，左右不对中变形采用块状加热法矫正。

② 矫正上下弯曲变形时，加热部位在钢桥架带竖杆的正上方位置，避免加热其他部位导致主弦杆局部弯曲变形。当弯曲变形在 5mm 以内时，在钢桥架左右单片的上拱面加热一个边长 150mm 左右的等边三角形加热点，加热温度为 600～800℃；上拱 5～8mm 时在左右单片上拱 2 处各加热两个边长 150mm 左右的等边三角形加热点，温度同样控制在 600～800℃；上拱超出 8mm，每超出 3mm 增加一个加热点。

③ 矫正不对中变形时，当对中偏差在 8mm 以内时，可在对中数据偏大的一侧弦杆外侧加热一处 50mm×50mm 块状加热点，或在对中数据偏小的一侧竖杆中间加热一个 50mm×50mm 块状加热点，加热温度为 600～800℃。当对中偏差大于 8mm 时，只靠火焰矫正已无法完全矫正，可采用机械矫正法辅助矫正，即先用拉环把对中偏差预先矫正，然后再用火焰矫正，等火焰矫正材料冷却后松开拉环，避免反弹。

④ 火焰矫正冷却方式避免用水冷，因为水冷使材料温度急剧下降会导致材料出现淬硬倾向，所以宜采用空冷方式。

（4）钢桥架焊接完成并经振动消除应力处理后，检查复核构件尺寸，切割弦杆多余长度，按连接顺序进行法兰连接板安装、焊接。

（5）焊接完成后，进行自检及第三方检测，探伤检测合格后方能进入下一道工序。

4. 钢桥架工厂涂装

（1）采用砂轮机，清除焊缝位置的飞溅、焊瘤等表面缺陷。

（2）对打磨后露出金属光泽的位置进行底漆补喷。

（3）根据设计要求构件整体喷涂底漆 2 遍。

（4）底漆喷涂 4～8h 后，进行中间漆喷涂。

（5）中间漆喷涂完成后进行超薄型（室外膨胀型）防火涂料喷涂。

（6）喷涂面漆 2 遍。

5. 钢桥架现场安装

1）钢桥架运输

使用大型平板车将成品钢桥架和格栅板从工厂生产车间运输至现场拼装场地。

运输钢桥架时若遇陡坡道路，则采用 50 型装载机在平板车前端做动力牵引，到达目的地后再用吊车吊运至对应桥墩位置进行拼接。

格栅板、栏杆于厂内加工完毕后运至工地临时存放场地，待钢桥架架设完成后，分段吊装于钢桥架上，然后再将格栅板与钢桥架梁按要求采用 U 形卡连接，同时完成栏杆扶手安装。

2）钢桥架现场拼装

钢桥架现场拼装属关键工序，根据构件结构特性（图 7-25）和技术要求，结合现场组装能力、机械设备等情况，选择能有效控制组装精度、耗工少、效益高的方法进行拼装。

（1）拼装前的准备工作。对运至现场的成品及零件的质量及数量进行复核；在现场制作拼接平台，必须要处理好基础，防止下陷变形；根据钢桥架数量及工期配置适当的装配空间，包括成品堆放区、桥架拼接区等，同时配备相应机械设备。

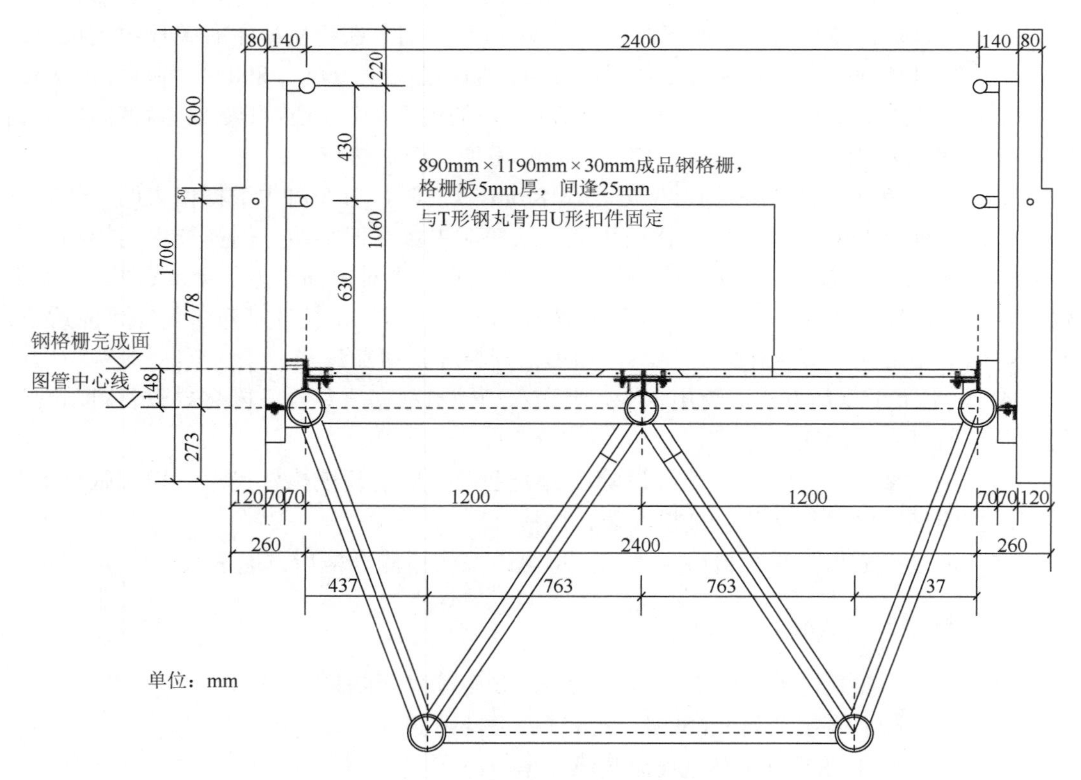

图 7-25　钢桥架典型横断面图

（2）现场拼接。利用 80t 吊车将构件吊在现场拼接平台上，根据设计分段将支座模块和跨中模块进行拼接，使用高强螺栓进行固定，待拼装完成后，将结构和尺寸严格调整至与设计一致，各接头分别进行终拧。拼装完成后的构件，吊装于存放位置，并编号。

整个构件组装完成后，对重新出现锈蚀现象的区域采用砂轮机进行打磨，然后对清理后的区域以及焊接区域重新进行喷漆防护。

（3）注意事项。钢桥架在拼装时，必须在自然状态下进行，并使其正确地装配在安装位置上，严禁强制对口。在桥架组装过程中需不断观察桥架是否发生变形，如有变形，须立即进行调整。

3）钢桥架现场吊装

一般栈道工程施工条件较差，栈道依山势修建，地形起伏变化较大，栈道修建及施工场地平整难度较大，特别是有的栈道沿山崖、陡坡设计，横断面地形复杂，导致现场无法满足吊装技术及安全作业要求。因此需要按设计图纸对每一跨钢桥架单独做吊装工艺设计，计算钢桥架重量，并根据墩柱高度、吊装场地大小以及钢桥架长度，选择吊点位置、吊车型号，规定钢丝绳张角、吊具形式，制定安全操作规定、周密的工艺测绘措施和安全措施，确保吊装顺利完成和成品安全。现场主要采用单机吊装法。

（1）吊装前的准备工作。吊装每道钢桥架前必须做到：踏勘现场，排查现场可疑因素，如虚填土、坑穴、不稳定边坡、水流，以及妨碍吊装的地下暗障、地面障碍、上空电线电缆等；查看运输路线；查看吊装现场周边环境；测量吊装现场地面、空间尺寸；现场核对轴线位置、测量、核对轴线实际跨度，确认钢桥架型号；确认道路、吊装场地可否满足运输、吊装要求，是否符合吊装方案要求，若不符合，应提出道路、场地整改要求；对吊装施工难度大的轴线，应仔细考察、分析，综合各影响因素，考虑修改、补充，乃至单独制定吊装解决方案。

（2）现场吊装方案。吊装方案主要是根据单次吊装的钢桥架重量、现场地形、空间位置关系、交通条件等，选择吊点位置。地形陡峭区域，为避免破坏原始地貌，无法开辟临时便道，优先选择 350t 吊车作业，在坡顶及坡脚位置分别设置吊点；地形平坦区域，可设置临时便道，主要采用 80t 吊车作业，利用临时便道作为吊点逐跨进行吊装。现场踏勘地形，初步拟定吊点位置后，统计所有吊装构件重量，以及单个构件吊装半径，完成每个点位最不利工况分析，再根据吊车起重性能表筛选匹配的吊车，通过支腿受力计算出吊点地基承载力，分析是否需要进行地基处理、浇筑混凝土平台。吊装前组织开通、平整道路，平整吊装场地，完成地基处理，必要时浇筑混凝土吊装平台，吊点经吊装队验收认可后方可投入使用。

（3）具体吊装工艺流程。

① 拼装钢桥架：按安装顺序将厂内完成预拼装的钢桥架主梁模块放置在现场拼装胎架上，由 1 台 80t 吊车将柱顶模块吊起，使之与主梁模块法兰自由对位。对位完成后按先角再中的顺序拧紧连接法兰的高强螺栓。高强螺栓紧固必须符合设计及规范要求。

② 转运钢桥架：将钢桥架从拼装位置吊至起吊装位置，安放在此处枕木上，为了防止碰撞墩柱等，钢桥架两端固定揽风绳，分别由 2 个人牵引，以配合吊装位置进行调整。

③ 操作人员就位：现场由墩柱底至钢柱顶搭设双排脚手架，操作人员、电焊工移至架顶平台，挂双钩安全绳；由高空作业人员预先安装好柱顶支座，经检查支座规格尺寸、位置及水平度无误后，由焊工做好钢桥架安装准备。

④ 吊装：吊车在预定位置就位后，先将吊车挂钩，缓慢起吊，至离地 2cm 时检查钢桥架吊装角度是否满足安装要求，吊车支腿枕木有无快速沉陷、过度沉陷，若有，必须查明原因并排除后方可继续作业，然后缓慢上升，操作中保持钢桥架平稳，钢丝绳无斜拉现象，吊车支腿稳定，车身水平。上升过程中拉好四角揽风绳，不允许钢桥架碰撞墩柱或吊车爬杆，以及支座。至预定高度后缓慢就位（人、揽风绳、吊车相互配合），然后检查钢桥架就位纵向、横向准确度和左右水平度，确认就位纵向、横向位置和左右水平度无问题后，先将钢桥架一端与已安装的支座模块采用高强螺栓连接，并将 8 个高强螺栓左右对称拧紧，至规定扭矩，再将另一端桥架下弦杆与支座进行焊接，最后经检测无问题后补刷油漆，按操作规程收松绳、收吊具、下人、收车，准备下一段桥架安装工作。

⑤ 累计误差调整：由于钢柱现场螺栓埋设与厂内桥架加工拼装均采用全站仪定位，因此，误差基本控制在 10mm 以内。经专业设计人员同意后，可根据安装时的柱顶模块的偏差量在需调整位置设置 5～10mm 法兰板或现场切割弦杆，并重新焊接法兰以控制安装偏差。

6. 钢格栅、栏杆安装

1）钢格栅安装

（1）安装钢格栅前必须确定安装顺序，结合图纸中钢格栅编号依次安装。钢格栅安装前应在地面拆开，按照图纸编号和安装顺序归类摆放。

（2）钢格栅利用吊车吊运至已安装的钢格栅上堆放，再采用人工方式进行安装，每安装完一块钢格栅后必须将安装夹紧固，每块钢格栅使用安装夹的数量不得少于 2 只，钢格栅安装一块必须固定一块，未固定的格栅板严禁站人作业，同时不允许拆除临时防护措施。钢格栅间及边缘位置安装间隙不大于 10mm。

（3）钢格栅不得集中堆放在桥架上，在已安装的钢格栅上堆放数量不得超过 10 块，作业过程中作业人员应将小型工具放入工具袋内，不允许将小型工具及配件直接放在钢格栅上，以防止坠物伤人。

2）栏杆安装

（1）栏杆在厂内制作完成后必须进行强度检验，检验结果应符合国家标准规定。构件表面无明显凹陷和损伤，表面划痕不超过 0.5mm；构件磨光组装的顶紧面紧贴不少于 80%，且边缘最大间隙不超过 0.8mm；杆件加工长度误差不大于 1mm。

（2）安装栏杆时，采用吊车转运至钢格栅上，吊装时需注意栏杆及主体结构上已安装工程成品保护设备。

（3）栏杆镀锌角钢装饰板通过 2 颗 M8 镀锌螺栓与主体结构上的连接板连接，装饰板下部与 L50×5 镀锌角钢焊接，横杆通过连接板与栏杆立柱焊接。

7. 防腐、防火处理

涂覆涂料时应特别注意各层涂料间作用、性能、硬度和烘干方式的配套性，以免发生各种不良反应，如起皮、咬底、开裂等。工艺流程：基面清理 → 底漆涂装 → 中间漆涂装 → 防火涂料涂装 → 面漆涂装 → 检查验收，具体内容如下。

（1）基面清理：涂刷油漆前，应先将需涂装部位的泥土、焊缝药皮、焊接飞溅物、油污等杂物大致清理干净，再用优质金刚砂作为磨料，使用自制喷射设备仔细除锈，除锈质量等级必须达到《涂覆涂料前钢材表面处理　表面清洁度的目视评定　第 1 部分：未涂覆过的钢材表面和全面清除原有涂层后的钢材表面的锈蚀等级和处理等级》（GB/T 8923.1—2011）中的 Sa2.5 级标准。

（2）底漆、中间漆涂装：调和油漆时应注意控制油漆黏度、稠度、稀度，兑制时应充分搅拌，使油漆色泽、黏度均匀一致，使用重力式喷枪进行喷涂，待第一遍涂完后，应保持一定时间间隔，防止第一遍漆未干即涂第二遍，否则将出现漆液流坠发皱，喷涂质量下降。待第一遍漆干燥后，涂第二遍，第二遍喷涂方向应与第一遍喷涂方向垂直，这样可使漆膜厚度均匀一致。底漆喷涂 4～8h 后方可达到表干，表干前不应涂装中间漆。

（3）防火涂料涂装：现场拼装完成后统一涂装防火涂料，在施工前应进行面漆相容性试验。涂装时先将钢结构表面的油污和灰尘清理干净，清洗油污采用洗洁精，并对表面已锈蚀或脱落的底层油漆进行补涂。涂装施工应控制相对湿度在 85%以下，也可控制钢构件表面湿度高于露点湿度。由于涂料中各成分的占比不同，在使用前，必须用搅拌机将桶内涂料搅拌均匀，施工环境温度一般控制在 5～40℃。每次施涂前，均应由质检员认可表干程度后，才能涂刷下一遍涂料，间隔时间一般为 8～10h。

（4）面漆涂装：在涂装面漆前需对钢桥架表面进行清理，面漆兑制稀料应适中，面漆使用前应充分搅拌，保持色泽均匀。其工作黏度、稠度应保证涂装时不流坠，不显刷纹。喷涂施工时，应调整好喷嘴口径、喷涂压力，使喷枪胶管能自由拉伸至作业区域，空气压缩机气压应为 0.4～0.7N/mm^2。喷涂时喷嘴应该平行移动，移动时应平稳，速度一致，保持涂层均匀。一般涂层厚度较薄，故应增加喷涂次数，每层喷涂时应待上层漆膜干燥后进行。

（5）检查验收：表面涂装施工期间，应对已涂装的构件进行成品保护，防止其被飞扬的油漆和尘土污染。涂装后涂层颜色应一致，色泽鲜明光亮，不起皱皮，不起疙瘩。涂装漆膜厚度采用触点式漆膜测厚仪测定，漆膜测厚仪一般测定 3 点厚度，取其平均值。保证项目应符合下列规定。

① 涂料、稀释剂和固化剂等的品种、型号和质量，应符合设计要求和国家现行有关标准的规定。检验方法：检查质量证明书或复验报告。

② 涂装前钢材表面除锈应符合设计要求和国家现行有关标准的规定，经化学除锈处理的钢材表面应露出金属色泽。处理后的钢材表面应无焊渣、焊疤、灰尘、油污、水和毛刺等。检验方法：用铲刀检查和用现行国家标准《涂覆涂料前钢材表面处理　表面清洁度的目视评定》（GB/T 8923—2011）的规定对照观察检查。

③ 不得误涂、漏涂，涂层应无脱皮和返锈现象。

7.4.3 高空栈道钢桥架精准施工质量要求

1. 材料及设备

钢桥架高空栈道安装的主要组成及所需的材料、设备分别如表 7-3、表 7-4 所示。

表 7-3 主要材料表

序号	材料名称	型号/规格	单位	数量
1	Q355C 无缝钢管	Φ203mm×14 mm	t	10
2	Q355C 无缝钢管	Φ168 mm×10 mm	t	59
3	Q355C 无缝钢管	Φ168 mm×14 mm	t	44
4	Q355C 无缝钢管	Φ140 mm×10 mm	t	77
5	Q355C 无缝钢管	Φ140 mm×13 mm	t	18
6	Q355C 无缝钢管	Φ140 mm×8 mm	t	34
7	Q355C 无缝钢管	Φ102 mm×10 mm	t	39
8	Q355C 无缝钢管	Φ89 mm×8 mm	t	23
9	Q355C 无缝钢管	Φ76 mm×7 mm	t	92
10	Q355C 无缝钢管	Φ76 mm×8 mm	t	12
11	10.9 级高强度螺栓连接副	M24	套	456
12	890mm×1190mm×30mm 成品钢格栅	5mm 格栅板	块	2588
13	定制栏杆装饰板	—	m	2303

表 7-4 钢桥架制作安装主要机械设备表

序号	设备名称	型号/规格	单位	数量
1	六维数控相贯线自动切割机床	KR-XY	台	4
2	锯床	GZ4226	台	2
3	刨边机	LH-X35	台	2
4	数控坐标钻床	ZK3850A	台	2
5	手提电钻	J14	台	6
6	电焊机	400A	台	8
7	发电机	100kW	台	6
8	喷枪	PK-12	把	10
9	喷砂除锈机	自制	台	2
10	吊车	100t	辆	4
11	吊车	350t	辆	2
12	运输车	YT900	辆	10
13	装载机	50 型	辆	1

2. 质量控制措施

1）钢桥架钢构件制作质量控制

（1）桥架钢管采用Q355B碳素结构钢，力学性能、机械性能、化学成分应分别符合《结构用无缝钢管》（GB/T 8162—2018）、《碳素结构钢》（GB/T 700—2006）、《高层建筑结构用钢板》（YB 4104—2000）的规定。在原材料入库前，由专人对材料的质量和规格进行检测，合格后方可入库。

（2）对钢构件制作时的胎架划线和搭设尺寸、钢构件拼装时的基准线和定位方式等进行严格检查控制。

（3）钢构件拼装检查应在制作焊接完成后的自由状态下进行。应按每榀构件拼装胎架中每一支点的三维空间位置验收结构尺寸。

（4）制作桥架时应按放样尺寸下料，材料表仅供参考。弦杆杆件长度不够时应设拼接节点，拼接位置根据材料长度进行调整，但拼接位置应在受力较小处。对于桥架，上下弦杆设 2 个拼接点，左右两跨拼接位置错开。上下弦杆在其他位置不得有材料对接情况，材料要合理计划。

2）钢结构焊接质量控制

（1）焊剂采用F5014型，焊丝采用ER50-6型，其质量应符合《熔化极气体保护电弧焊用非合金钢及细晶粒钢实心焊丝》（GB/T 8110—2020）的规定。焊剂、焊丝必须防潮存放，不可使用涂料剥落、脏污、生锈的焊接材料。

（2）电焊工必须经过相应的考试并取得合格证后才能上岗施工。

（3）钢桥架焊接应符合《钢结构工程施工质量验收标准》（GB 5025—2020）的规定。焊接表面或坡口 50mm 范围内，必须进行表面处理，不得有氧化物及其他污物。桥架弦杆的对接焊缝质量等级须为一级，桥架腹杆与弦杆焊缝质量等级须为二级。

（4）每道焊缝在焊接后，必须将焊渣和飞溅物清理干净。

（5）针对表面开裂、装配质量不良及其他焊接质量不好的情况，要进行修补。

（6）焊缝完成焊接后，质检人员及时按设计和《钢结构工程施工质量验收标准》（GB 50205—2020）等的要求进行外观检查和无损检验，不合格部分及时通知焊工返修。

（7）现场工作人员按照焊接数量对接头进行各项检测，确保焊接质量。

3）钢结构组装质量控制

（1）组装前，应对桥架设计文件与预拼装记录进行检查，并复验记录桥架构件的尺寸，同时对拼装好的桥架梁进行起拱度的检查。

（2）钢桥架吊装就位后，应对桥架定位轴线、标高等进行测量并做好标记，同时对吊装对接接头质量进行焊前检查。

（3）拼装好的钢桥架不得直接放置于地上，要垫高 20cm 以上，并且要平稳地放在支撑座上，支承座之间的距离应以不使钢桥架产生残余变形为准。

4）涂装施工质量控制

（1）在涂装施工前严格控制施工环境的温度、湿度和光线。

（2）在涂装前派专人负责对涂料的规格、质量、运输、存放进行检查。

（3）严格控制涂装时间间隔，务必在上一层涂料干透后再涂装下一层。

（4）对于剐蹭等外因造成的破损，以及焊接、烧损和紧固件等，必须修补漆。

（5）钢构件在涂刷防锈材料前，应进行除锈处理，采用磨光机钢丝刷除锈，除锈质量等级要求达到《涂覆涂料前钢材表面处理 表面清洁度的目视评定 第 1 部分：未涂覆过的钢材表面和全面清除原有涂层后的钢材表面的锈蚀等级和处理等级》（GB/T 8923.1—2011）中的 Sa2.5 级标准。喷涂底漆前不得有铁锈和其他污物。

5）吊装施工质量控制

（1）要用钢尺逐跨检查墩柱的高度、跨度，以及支座的位置和尺寸。

（2）吊装前恢复桥架两端的中线和端线，确保位置准确。

7.4.4 应用案例

1. *龙泉山森林绿道设计-施工总承包项目*

龙泉山森林绿道设计-施工总承包项目高空栈道最大跨度为 36m，其中 1 号栈道设计钢桥架 25 跨，2 号栈道钢桥架 27 跨，3 号栈道钢桥架 6 跨，共计 58 跨，1151.66 延米。设计分 12 种跨度与结构规格，钢桥架上部两侧设有钢栏杆。设计钢结构总重量为 761.5t。该栈道成功采用高空栈道钢桥架施工技术，于 2020 年 6 月 30 日圆满完成安装，栈道标高、轴线均控制在设计允许范围内，安装精度较高，成型质量好，受到业主的高度评价。

2. *大运会主会场周边基础设施建设项目人行栈道*

大运会主会场周边基础设施建设项目人行栈道主要采用钢桥架结构，钢管材质为 Q355C，弦杆采用 Φ168mm×14mm，腹杆采用 Φ140mm×10mm，钢桥架上弦宽度为 3.2m，高度为 1.5m，桥架之间通过高强螺栓法兰盘连接，桥架与钢柱通过橡胶支座连接，桥架顶标高距地面高度为 6～15m，跨度为 20～26m。该栈道采用高空栈道钢桥架施工技术，于 2020 年 10 月顺利完成安装，栈道标高、轴线均控制在设计允许范围内，外观质量好，受到监理单位、业主的一致好评。

参考文献

[1] 李景阳，张清华. 成都：从“城市中的公园”到“公园中的城市”[J]. 北京规划建设，2021（1）：24-29.

[2] 张芷晗，谭瑛. “公园城市”理论与内涵研究[J]. 建筑与文化，2020（9）：65-66.

[3] 谭林，刘姝悦，陈春华，等. 公园城市生态价值转化内涵与模式分析[J]. 生态经济，2022，38（10）：96-101.

[4] 陈岚，谭林，陈春华. 公园城市生态价值转化路径分析：以成都为例[J]. 中国名城，2022，36（5）：65-72.

[5] 董法尧. 践行新发展理念推动公园城市建设——以成都为例[J]. 山东干部函授大学学报（理论学习），2022（4）：29-33.

[6] 廖茂林，张泽，雷霞. 公园城市理论认识与实践路径研究[J]. 重庆社会科学，2022（6）：91-101.

[7] 李后强. 天府公园城市的认识与建设[J]. 当代县域经济，2018，56（7）：12-18.

[8] 郭锦宇，田勇，陈美汐，等. 公园城市理念下太原市城市生态建设初探[J]. 智能城市，2021，7（18）：19-20.

[9] 孙喆，孙思玮，李晨辰. 公园城市的探索：内涵，理念与发展路径[J]. 中国园林，2021，37（8）：4.

[10] 高国力，李智. “践行新发展理念的公园城市”的内涵及建设路径研究：以成都市为例[J]. 城市与环境研究，2021（2）：47-64.

[11] 刘婷. 陕西石泉桑蚕文化主题公园景观设计研究[D]. 咸阳：西北农林科技大学，2021.

[12] 王雅明. 基于海盐文化的盐城盐渎湿地公园景观设计研究[D]. 景德镇：景德镇陶瓷大学，2021.

[13] 陈健翎，林心影，陈凌静，等. 基于主成分分析法的城市滨水带状公园活力评价模型研究：以福州市为例[J]. 河北林业科技，2021（2）：6-12.

[14] 李翠. 基于多源数据的城市绿色空间多维度评价研究[J]. 环境科学与管理，2021，46（9）：175-179.

[15] 杨宝明. 走向低碳时代的智慧建造[J]. 中国信息化，2010（10）：70-71.

[16] 李久林，魏来，王勇，等. 智慧建造理论与实践[M]. 北京：中国建筑工业出版社，2015.

[17] 王要武，吴宇迪. 智慧建设理论与关键技术问题研究[J]. 科技进步与对策，2012，29（18）：14-16.

[18] 刘占省，孙佳佳，杜修力，等. 智慧建造内涵与发展趋势及关键应用研究[J]. 施工技术，2019，48（24）：1-7.

[19] 吴宇迪. 智慧建设理念下的智慧建设信息模型研究[D]. 哈尔滨：哈尔滨工业大学，2015.

[20] 陆伟良. 数据中心建设 BIM 应用导论[M]. 南京：东南大学出版社，2016.

[21] Sacks R，Treckmann M，Rozenfeld O. Visualization of work flow to support lean construction[J]. Journal of Construction Engineering and Management，2009（2）：134-136.

[22] Adjei-Kumi T，Retik A. A library-based 4D visualisation of construction processed[C]//Proceedings of the IEEE Conference on Information Visualisation，London，1997：221-234.

[23] Kuprenas J A，Mock C S. Collaborative BIM modeling case study：process and results[J]. Computing in Civil Engineering，2009，9（9）：134-136.

[24] Guo H L，Li H，Skitmore M. Life-cycle management of construction projects based on virtual prototyping technology[J]. Journal of Management in Engineering，2010，14（2）：51-55.

[25] Carrie S D，Gina N. Organizational divisions in BIM：enabled commercial construction[J]. Journal of

Construction Engineering and Management，2010（6）：78-82.

[26] Nenad C B，Peter P，Rebolj D. Integrating resource production and construction using BIM[J]. Automation in Construction，2010（2）：90-93.

[27] Tserng H，Ho S，Jan S. Developing BIM-assisted as-built schedule management system for general contractors[J]. Journal of Civil Engineering and Management，2014（4）：58-62.

[28] 张建平. 基于 BIM 和 4D 技术的建筑施工优化及动态管理[J]. 中国建设信息，2010（2）：18-23.

[29] 张建平，范喆，王阳利，等. 基于 4D-BIM 的施工资源动态管理与成本实时监控[J]. 施工技术，2011（4）：37-40.

[30] 张建平，李丁，林佳瑞，等. BIM 在工程施工中的应用[J]. 施工技术，2012（16）：10-17.

[31] 赵彬，牛博生，王友群. 建筑业中精益建造与 BIM 技术的交互应用研究[J]. 工程管理学报，2011（5）：482-486.

[32] 葛文兰. BIM 第二维度：项目不同参与方的 BIM 应用[M]. 北京：中国建筑工业出版社，2011.

[33] 卢祝清. BIM 在铁路建设项目中的应用分析[J]. 铁道标准设计，2011（10）：4-7.

[34] Song J，Carl T H，Carlos H C. Tracking the location of materials on job sites[J]. Journal of Construction Engineering and Management，2006，3（4）：154-158.

[35] Ju Y，Kim C，Kim H. RFID and CCTV—based material delivery monitoring for cable-stayed bridge construction[J]. Journal of Computing in Civil Engineering，2011，26（2）：183-190.

[36] Saiedeh N R，Carl T H. Using reference RFID tags for calibrating the estimated locations of construction materials[J]. Automation in Construction，2011（21）：32-37.

[37] 何愉舟，韩传峰. 基于物联网和大数据的智能建筑健康信息服务管理系统构建[J]. 建筑经济，2015（5）：101-106.

[38] Tanyer A M，Aouad G. Moving beyond the fourth dimension single project database[J]. Automation in Construction，2005（8）：89-92.

[39] 张洋. 基于 BIM 的建筑工程信息集成与管理研究[D]. 北京：清华大学，2009.

[40] 唐文波，宋占峰. 4D CAD 在大型桥梁施工进度管理中的应用[J]. 企业技术开发，2009（3）：127-128，137.

[41] 胡振中，张建平，周毅，等. 青岛海湾大桥 4D 施工管理系统的研究和应用[J]. 施工技术，2008，37（12）：84-87.

[42] Flager F，Welle B，Bansal P，et al. Multidisciplinary process integration and design optimization of a classroom building[J]. Journal of Information Technology in Construction，2009，2（8）：25-29.

[43] Hu Z Z，Zhang Z P. BIM and 4D based integrated solution of analysis and management for conflicts and structural safety problems during construction：2. development and site trials[J]. Automation in Construction，2011（8）：78-80.

[44] Dossick C S，Anderson A，Azari R，et al. Messy talk in virtual teams：achieving knowledge synthesis through shared visualizations[J]. Journal of Management in Engineering，2015（6）：51-55.

[45] 李天华. 装配式建筑寿命周期管理中 BIM 与 RFID 应用研究[D]. 大连：大连理工大学，2011.

[46] 刘星. 基于 BIM 的工程项目信息协同管理研究[D]. 重庆：重庆大学，2016.

[47] 陈杰. 基于云 BIM 的建设工程协同设计与施工协同机制[D]. 北京：清华大学，2014.

[48] 陈慧. 基于 Cloud-BIM 的工程建造协同管理研究[D]. 烟台：烟台大学，2019.

[49] 贾美珊，徐友全，赵灵敏. 国内智慧建造应用发展研究[J]. 土木建筑工程信息技术，2019，11（4）：111-120.

[50] 成丹. 基于 X3D/JAVA 的虚拟植物景观的参数化设计[D]. 南京：南京理工大学，2011.

[51] 王亚飞. 基于虚拟现实技术的城市景观仿真系统开发研究[D]. 开封：河南大学，2011.

[52] 赵熙. 基于虚拟影像技术下的景观装置设计[D]. 沈阳：沈阳航空航天大学，2019.
[53] 李至惟. 基于数字技术的虚拟景观设计研究[D]. 沈阳：沈阳航空航天大学，2017.
[54] 吴晓舟. 试论北京古典园林地形处理手法及空间效应[D]. 北京：北京林业大学，2006.
[55] 杨博文. 西方古典园林景观空间地形营造研究[D]. 哈尔滨：东北林业大学，2019.
[56] 应小明，王海霞. 基于 RFID 技术的混凝土结构健康监测研究与应用方法[J]. 建筑，2019（21）：76-77.
[57] 李可心，王钧，戚大伟. 基于 G-S-G 的混凝土结构裂缝识别及监测方法[J]. 振动与冲击，2020，39（11）：101-108.
[58] 车向群. 钠基膨润土防水毯在人工湖生态景观防渗工程中的应用[J]. 水利技术监督，2020（4）：255-257，262.
[59] 董剑. 湖底防渗工程中的铺填快速流水施工技术[J]. 水利技术监督，2015（1）：52-55.
[60] IBM 商业价值研究院. 智慧地球[M]. 北京：东方出版社，2009.
[61] 张键. 智慧城市建设及运营模式构建研究[J]. 工程技术研究，2022，7（13）：265-267.
[62] 吴余龙，艾浩军. 智慧城市：物联网背景下的现代城市建设之道[M]. 北京：电子工业出版社，2011.
[63] 林必毅，周清华，张世宇. 智能建筑设计与智慧城市设计对比及研究[J]. 智能建筑与智慧城市，2019（1）：46-48，51.
[64] 唐建荣，童隆俊，邓贤峰，等. 智慧南京——城市发展新模式[M]. 南京：南京师范大学出版社，2011.
[65] 彭楠淋，王柯力，张云路，等. 新时代公园城市理念特征与实现路径探索[J]. 城市发展研究，2022，29（5）：21-25.
[66] 王香春，王瑞琦，蔡文婷. 公园城市建设探讨[J]. 城市发展研究，2020，27（9）：19-24.
[67] 陈训. 建设工程全生命信息管理（BLM）思想和应用的研究[D]. 上海：同济大学，2006.
[68] 国合会“中国环境保护与社会发展”课题组. 中国环境保护与社会发展[J]. 环境与可持续发展，2014，39（4）：27-45.
[69] 孙斌. BIM 技术的现状和发展趋势[J]. 水利规划与设计，2017，161(3)：13-14，22，72.
[70] Liang X，Lu M，Zhang J P. On-site visualization of building component erection enabled by integration of four-dimensional modeling and automated surveying[J]. Automation in Construction，2011（3）：78-81.
[71] 徐鹏飞，李晋，孙继东. 基于 BIM 技术的建筑工程项目管理研究[J].人民长江，2020，51(S1)：235-237，247.
[72] Koskela L. An Exploration Towards a Production Theory and Its Application to Construction[M]. Finland：VTT Publications，2000.
[73] 施骞. 工程项目可持续设计的实施与管理[J]. 土木工程学报，2009（9）：125-130.
[74] 袁宜红，燕宁娜，赵振炜. 建筑信息模型的建立和应用研究[J]. 工程建设，2022，54（7）：1-5，16.
[75] 王本启，简染豪，武延涛. 建筑信息模型技术在建筑结构设计中的运用探究[J]. 砖瓦，2022（9）：83-85，89.
[76] 赵超峰. BIM 技术在土木工程施工中的应用[J]. 四川建筑，2022，42（4）：60-61，64.
[77] 赖永聪. 大数据时代，数字档案室建设路径探讨[J]. 兰台内外，2022（29）：7-9.
[78] 杨世见. 大数据在施工企业物资管理信息化应用[J]. 现代营销（信息版），2020（1）：168.
[79] 王鹤迦. “智”造十年：大数据、云计算与传统工业深度融合[J]. 通信世界，2022（18）：20-21.
[80] 尚世宇，张焕芳. 浅析 BIM 和物联网技术在建筑工程项目材料管理中的应用价值[J]. 企业技术开发，2016，35（15）：43-45.
[81] 吴云恩. 无人机技术在测绘工作中的应用研究[J]. 产业创新研究，2022（14）：145-147.
[82] 周健. 基于无人机技术的实景三维建模[J]. 科学技术创新，2021（15）：1-2.

[83] 潘泽铎，钟炜. 无人机技术在大型工程施工管理应用研究[C]//马智亮，等. 第七届全国 BIM 学术会议论文集. 北京：中国工业建筑出版社，2021：191-196.
[84] 周能兵，齐世龙，刘栋. 基于计算机视觉识别的 AI 技术在工地安全管理的应用[J]. 建筑安全，2022，37（8）：74-77.
[85] 韩永新. 5G 移动通信技术及项目管理在工程建设中的应用分析[J]. 数字通信世界，2022（3）：88-90.
[86] 尚超. 5G 与 AI 技术助力建筑工程项目管理数字化转型[J]. 砖瓦，2021（2）：139-140，142.
[87] 随阳，郭宏伟，田阳，等. 数字孪生工厂与航空发动机模型[C]//中国汽车工程学会. 2018 中国汽车工程学会年会论文集. 北京：机械工业出版社，2018：1842-1847.
[88] 郭东升，鲍劲松，史恭威，等. 基于数字孪生的航天结构件制造车间建模研究[J]. 东华大学学报（自然科学版），2018，44（4）：578-585，607.
[89] 陶飞，马昕，戚庆林，等. 数字孪生连接交互理论与关键技术[J]. 计算机集成制造系统，2023，29（1）：1-10.
[90] Rios J，Hernandez J C，Oliva M，et al. Product avatar as digital counterpart of a physical individual product：literature review and implications in an aircraft[C]// 22nd ISPEInc International Conference on Concurrent Engineering，Delft，2015：657-666.
[91] Bicocchi N，Cabri G，Mandreoli F，et al. Dynamic digital factories for agile supply chains：an architectural approach[J]. Journal of Industrial Information Integration，2019（15）：111-121.
[92] 隋少春，许艾明，黎小华，等. 面向航空智能制造的 DT 与 AI 融合应用[J]. 航空学报，2020，41（7）：7-17.
[93] 傅丽芳. 基于 BIM 结合 GIS 的智能建筑测量仪器施工质量监测方法[J]. 自动化与仪器仪表，2020（6）：132-135.
[94] 韩佳，黄炳，钟子良. 智能建筑火灾自动报警系统设计研究[J]. 信息与电脑（理论版），2019，31（24）：53-55.
[95] 罗钢，邢泽众，李欣宇，等. 基于 BIM 的京杭运河枢纽港扩容提升工程绿色智能运维管理平台开发[J]. 建筑技术，2020，51（1）：69-73.
[96] 谭克锋，刘涛. 早期高温养护对混凝土抗压强度的影响[J]. 建筑材料学报，2006，9（4）：473-476.
[97] 阎培渝，崔强. 养护制度对高强混凝土强度发展规律的影响[J]. 硅酸盐学报，2015，43（2）：133-137.
[98] 胡巧英，杨杨，江晨晖，等. 高强/高性能混凝土的拟绝热温升特性及其对抗压强度的影响[J]. 混凝土，2013（11）：25-28.
[99] 杨吴生，黄政宇，汤拉娜，等. 热养护对高性能混凝土强度的影响[J]. 湖南大学学报，2003，30（3）：150-152.
[100] Kim S W，Park W S，Eom N Y，et al. Influence of curing temperature on the compressive strength of high performance concrete[J]. Applied Mechanics and Materials. 2014，597：316-319.
[101] 王佩勋，李娟，李相国. 养护条件对负温环境下客运专线高性能混凝土强度的影响[J]. 粉煤灰综合利用，2011（1）：22-24.
[102] Spears R E. The 80 percent solution to inadequate curing problems[J]. Concrete International，1983，5（4）：15-18.
[103] Atis C D，Ozcan F，Kilic A，et al. Influence of dry and wet curing conditions on compressive strength of silica fume concrete[J]. Building and Environment，2005，40（12）：1678-1683.
[104] 王潘劳，李成凯，袁晓伟，等. 青藏高原干热条件下高性能混凝土施工养护研究[J]. 新型建筑材料，2005（4）：12-14.
[105] 杨明，周士琼、李益进，等. 粉煤灰高性能混凝土养护方法的试验研究[J]. 混凝土，2001（7）：34-36.
[106] Chen H J，Huang S S，Tang C W，et al. Effect of curing environments on strength，porosity and chloride

ingress resistance of blast furnace slag cement concretes：a construction site study[J]. Construction and Building Materials，2012，35：1063-1070.
[107] 王成启，王春明，周郁兵，等. 养护制度对预应力高强度混凝土管桩脆性及耐久性的影响[J]. 混凝土，2014（10）：131-133.
[108] 黄煜镔，钱觉时. 龄期和养护方式对高强混凝土力学性能的影响[J]. 硅酸盐通报，2007，26（3）：427-430.
[109] Nassif H H，Najm H，Suksawang N. Effect of pozzolanic materials and curing methods on the elastic modulus of HPC[J]. Cement and Concrete Composites，2005，27（6）：661-670.
[110] 林辰，金贤玉，李宗津. 不同养护条件下混凝土断裂性能的试验研究[J]. 混凝土，2004（7）：5-6.
[111] 姚明甫，詹炳根. 养护对高性能混凝土塑性收缩的影响[J]. 合肥工业大学学报，2005，28（2）：180-184.
[112] 翟超，唐新军，胡全，等. 早期养护方式对高性能混凝土塑性开裂的影响[J]. 水利与建筑工程学报，2013，11（6）：90-93.
[113] Al-Gahtani A S. Effect of curing methods on the properties of plain and blended cement concretes[J]. Construction and Building Materials，2010，24（3）：308-314.
[114] 钱晓倩，詹树林，周富荣，等. 早期养护时间对混凝土早期收缩的影响[J]. 沈阳建筑大学学报，2007，23（4）：610-614.
[115] 吴伟松，杨杨，许四法，等. 养护温度对高强混凝土自收缩应变和应力的影响[J]. 新型建筑材料，2009，36（7）：52-54.
[116] 胡巧英，杨杨，江晨晖. 恒温和拟绝热条件下高性能混凝土自收缩特性[J]. 水利学报，2014，45（S1）：84-89.
[117] 高原，张君，孙伟. 密封养护混凝土内部湿度与收缩的一体化试验与模拟[J]. 建筑材料学报，2013，16（2）：203-209.
[118] Gong L L，Jin N G，Gu X L，et al. Effect of curing conditions on property of high performance concrete with composite mineral admixture[J]. Key Engineering Materials，2008，400（402）：409-414.
[119] 王育江，田倩. 高性能混凝土湿养龄期研究[J]. 混凝土与水泥制品，2013（3）：11-14.
[120] 王强，石梦晓. 养护方式对混凝土表层渗透性的影响[J]. 清华大学学报，2015，55（2）：150-154.
[121] 管学茂，杨雷，姚燕. 低水灰比高性能混凝土的耐久性研究[J]. 混凝土，2004（10）：3-4，24.
[122] Maslehuddin M，Ibrahim M，Shameem M，et al. Effect of curing methods on shrinkage and corrosion resistance of concrete[J]. Construction and Building Materials，2013，41：634-641.
[123] 方璟，王宏，武世翔. 混凝土冻融破坏后的养护自愈[J]. 混凝土与水泥制品，2003（6）：14-15.
[124] 宋振阳. 景观工程施工质量控制研究[D]. 咸阳：西北农林科技大学，2019.
[125] 王璐，许莹. 园林景观小品的共性和特性分析[J]. 吉林农业，2019（5）：94.
[126] 刁翠翠，梁江. 中西方交融式园林的园路融合模式研究[J]. 建筑与文化，2017（11）：146-147.